液压系统 Amesim 计算机仿真进阶教程

梁 全 谢基晨 聂利卫 编著

机械工业出版社

本书是用 Amesim 仿真软件进行液压系统计算机仿真的进阶教程，重点通过实例的方法，介绍用 Amesim 仿真软件进行液压系统建模和仿真的基本理论和操作技巧。所列举的实例，涵盖了流体力学、泵、缸、蓄能器、控制阀、回路及比例伺服系统等领域。读者通过实例的学习，既能够掌握 Amesim 基本操作技巧，又能够学习液压传动基础知识，一举多得。

本书可供工程技术人员、科研单位和高校本科生研究生学习，也可供从事液压系统计算机仿真的科研人员参考。

图书在版编目（CIP）数据

液压系统 Amesim 计算机仿真进阶教程/梁全，谢基晨，聂利卫编著. —北京：机械工业出版社，2016.3（2025.1 重印）
ISBN 978-7-111-52830-2

Ⅰ.①液…　Ⅱ.①梁…　②谢…　③聂…　Ⅲ.①液压系统-计算机仿真-软件包　Ⅳ.①TH137-39

中国版本图书馆 CIP 数据核字（2016）第 020421 号

机械工业出版社（北京市百万庄大街 22 号　邮政编码 100037）
策划编辑：黄丽梅　责任编辑：黄丽梅　版式设计：霍永明
责任校对：刘志文　封面设计：陈　沛　责任印制：郜　敏
北京富资园科技发展有限公司印刷
2025 年 1 月第 1 版第 9 次印刷
169mm×239mm · 15 印张 · 305 千字
标准书号：ISBN 978-7-111-52830-2
　　　　　ISBN 978-7-89405-960-4（光盘号）
定价：49.00 元（含 1CD）

电话服务　　　　　　　　　　网络服务
客服电话：010-88361066　　机　工　官　网：www.cmpbook.com
　　　　　010-88379833　　机　工　官　博：weibo.com/cmp1952
　　　　　010-68326294　　金　书　网：www.golden-book.com
封底无防伪标均为盗版　　机工教育服务网：www.cmpedu.com

前　　言

随着计算机技术的飞速发展，各行各业涌现出了名目繁多的仿真软件，流体传动与控制领域也不例外。通常所说的流体传动与控制系统指液压系统，也包括气动系统。本书主要讲解液压系统的计算机软件仿真方法，并且主要介绍的是液压传动系统的静态特性仿真，不涉及伺服系统的动态性能仿真。

目前市面上流行的液压系统计算机仿真软件主要包括 FluidSim、Automation Studio、HOPSAN、HyPneu、Easy5、DSHplus、20-sim、Amesim、MATLAB 等。本书介绍利用 Amesim 软件进行液压系统计算机仿真的基本方法，以期为 Amesim 软件在中国的普及贡献一点绵薄的力量，促进国内相关领域的发展。

本书介绍的是液压系统仿真的基本知识，要想看懂本书，必须拥有一定的液压基础知识。笔者在写作本书的过程中，深深地体会到液压技术本身的功底对液压仿真的重要性，建议读者在学习本书的同时也应该更深入地学习液压工程知识。但反过来，笔者认为，Amesim 完全能够胜任液压虚拟实验室的功能，对提高用户的液压工程能力，也能够起到一定的作用。

本书的体系结构参考了国内通行的液压传动教材的结构，目的是想介绍一种思想，一种用 Amesim 解决液压工程问题的思想。本书旨在证明一点，Amesim 可以解决绝大多数液压工程的仿真问题，它提供了从流体力学到液压传动、直到伺服控制的完整的液压解决方案。

阅读这本书，读者首先要知道用 Amesim 进行仿真的基本步骤，即建立模型草图，赋予子模型，参数设置，最后是仿真。本书关注用 Amesim 解决液压问题，因此许多关于 Amesim 的基本操作方法，介绍得不多，比如仿真结果的显示和处理、批处理的设置方法、超级元件的设置方法、图标的绘制和创建等。这些操作方法，读者可以从本书的姊妹篇《液压系统 Amesim 计算机仿真指南》和 Amesim 的帮助文件中找到相关答案。所以读者学习 Amesim，最好拥有一定的英文基础。

本书的特色是介绍了 Amesim 液压库中没有的元件的仿真模型构建方法，比如增压缸、多级缸、压力继电器、插装阀、柱塞泵等元件的 Amesim 仿真方法。通过学习这些元件仿真模型的建立方法，读者最重要的是掌握其建模思想，一旦掌握了建模思想，就能够举一反三，从而能够建立从前没有见过或 Amesim 库中没有提供的元件的仿真模型，进而解决实际工程问题。

本书第 1 章介绍了液压系统仿真基础知识，读者可以先大致阅读一下本章，重点是了解用 Amesim 进行液压系统计算机仿真所需要的四个步骤，待到学习逐渐深入后，可以再返回来重新详细阅读，这样读者就能够加深对 Amesim 的理解，从而提高能力，解决更深层次的问题；第 2 章介绍了液压油和液压流体力学的仿真方法，主要介绍了流体的属性及其仿真实例、流量静力学及其仿真实例、流体动力学及其仿真实例、流体流动时的压力损失、孔口和缝隙的流动，这一章的内容在后面的章节中会经常用到，并且内容比较抽象，读者要细心研读；第 3 章介绍了液压泵的仿真方法，重点介绍了柱塞泵的仿真建模方法，这一章的仿真实例比较复杂，完整再现了柱塞泵的 Amesim 仿真建模方法，并且涉及到了液压库、液压元件设计库、机械库、信号库等内容，有一定难度；第 4 章介绍了液压缸的仿真方法，包括柱塞缸、活塞缸等内容；第 5 章介绍了蓄能器的仿真方法，并给出了仿真实例；第 6 章介绍了液压控制阀的仿真方法，着重介绍了液压库中方向阀、压力阀和流量阀的性能特点和参数设置方法，还介绍了用液压元件设计库搭建插装阀仿真模型的方法，本章对液压系统建模有很大的参考价值；第 7 章介绍了液压回路的仿真，包括调速回路、方向控制回路、压力控制回路，还介绍了利用 Amesim 的平面机构库和液压库联合进行仿真的方法；第 8 章介绍了比例伺服系统的仿真方法，由于本书的目的不是介绍液压系统动态特性的仿真方法，因此这一章没有介绍动态系统的常见内容（如时域分析、频域分析和校正等），而是通过循序渐进的设计实例，介绍了比例伺服液压系统的设计方法，并用仿真验证了设计方法的可行性，对提高读者的液压系统设计能力有一定的帮助。另外，本书所有的液压原理图图形符号都采用了《GB/T 786.1—2009 流体传动系统及元件图形符号和回路图》标准。本书所有的仿真实例均由 Amesim Rev13 创建。本书还附带了包含所有仿真实例文件的光盘。

　　本书在编写过程中，得到了西门子公司仿真工程师聂利卫、谢基晨的大力帮助和支持，特别是谢基晨工程师不厌其烦的解释和讲解，帮助作者克服了许多仿真难题，并且两位工程师也对全书的体系结构给出了良好的意见建议，并亲自撰写了部分章节，在此对两位工程师的帮助表示深深的感谢！

　　Amesim 软件庞大复杂、功能众多，液压技术体系严谨、博大精深，笔者自知自己液压功底尚浅，写作本书，只希望能够起到抛砖引玉的作用，希望对提高国内的液压元件、液压系统设计分析能力，贡献自己的一点力量。

　　写作时间仓促，必然存在这样或那样的错误和疏漏之处，恳请国内同行批评指正，联系方式：liangquan6@126.com。

梁　全

目　　录

第1章 液压系统仿真基础知识

1.1 仿真概述

按百度百科中对仿真的定义，仿真应该是：利用模型复现实际系统中发生的本质过程，并通过对系统模型的实验来研究存在的或设计中的系统，又称模拟。上面这句话基本道清了仿真的本质。笔者认为，仿真有两个直接的目的：一个是分析现有系统；另一个是辅助设计新系统。仿真在实际系统不存在时，就能在一定程度上对其进行了解、研究。试想，价格昂贵、搭建费时费力的传动系统，借助仿真，在一台小小的个人计算机上就可以运行，在还没有搭建实际的系统时，就能够对将来要发生的事情做出规划和预测，那将在多大程度上节省金钱和时间呀！

要进行仿真，离不开软件。在工程仿真领域，有许多的仿真软件，其中名气最大的当属 MATLAB。如果要用 MATLAB 来进行仿真的话，需要对仿真的对象十分了解，然后在 MATLAB 的 Simulink 之中搭建物理模型。随着 MATLAB 的发展，目前 MATLAB 中也逐渐增加了许多仿真库，如 SimMechanical、SimHydraulic 库等，前者可以完成机械机构的仿真、后者可以完成液压系统的仿真。对于初学者来说，这在很大程度上降低了入门的门槛。Amesim 虽没有 MATLAB 功能强大、灵活自如，但在液压领域内，其仿真功能要强于 MATLAB，本书将主要介绍 Amesim 仿真软件在液压领域内的应用。

Amesim 软件是 LMS 旗下的一款性能很强大的系统仿真软件（现已被西门子公司收购），能够实现对机械、液压、气动、电气、热等多个领域的仿真计算。Amesim 将上述领域的工程问题抽象成仿真元件，分别归类进机械库、液压库、气动库、电气库、热库等库中。当使用 Amesim 进行相关领域的工程问题仿真时，用户只需拖动相应库中的图标，加以简单的连接，再赋予特定的参数，就可以方便迅速地完成仿真模型的搭建。因此，笔者的经验是，掌握了仿真的基本方法后（Amesim 仿真的基本方法很容易掌握），剩下的工作就是要熟悉 Amesim 中名目繁多的库，将工程中的实际问题抽象成现成的库元件的组合，这是一个 Amesim 仿真工程师所要做的工作。

初次接触 Amesim 时，往往觉得无从下手，再加上介绍 Amesim 的资料不多，刚开始学习时可能会遇到困难。我给读者的建议是多实践。学习 Amesim，首先要明白，要在 Amesim 中进行仿真，都必然要经历四个阶段：草图阶段、子模型阶段、参数设置阶段和仿真阶段。

第一步是草图阶段，在该阶段中，用户主要是将 Amesim 中提供的库中的仿真元件有机地连接在一起，形成自己的仿真模型。而怎样将这些仿真元件连在一起，就是我们要学习的内容。不同的库仿真背景不同，究竟该怎样组合，和库所对应的工程背景有关。本书主要介绍液压库，对于液压（Hydraulic）库来说，基本上草图阶段建立的模型和液压系统原理图一模一样，因而相对简单；而对于液压元件设计（Hydraulic Component Design）库来说，搭建的仿真草图和液压元件的机械结构很相近，这一阶段考验用户对所仿真对象的理解程度。

第二步是子模型阶段。之所以要有子模型阶段，是对上一步草图阶段的仿真模型进一步完善。草图阶段只是建立了仿真模型之间的联系，而每个仿真模型具体的物理特性还没有给定，这正是子模型阶段要完成的任务。对于 Amesim 库中的仿真元件来说，每个仿真元件对应的子模型可能有一个或者多个。这里有必要说一下子模型。笔者认为，可以将子模型理解成描述仿真元件物理特性的数学公式（虽然笔者不是 Amesim 软件的开发人员，但笔者相信，Amesim 的实际情况正是如此），这些数学公式可能是线性方程、非线性方程或微分方程。由于草图中通常不只包含一种元件，表面上看建立的是一堆元件，实际上建立的是线性方程组、非线性方程组或微分方程组。以液压库中的固定节流孔为例，从图标上看，固定节流孔只是一个元件，但在工程实践中，节流孔可能有多种形式，比如平行缝隙、同心环形缝隙和偏心环形缝隙等，每一种都对应不同的数学公式。用户在草图中选定了固定节流孔元件后，下面的任务就是指定到底是何种形式的节流孔，也就是什么样的方程，所以当然要有这一步！

第三步是参数设置模式。顾名思义，该步骤是为仿真对象设置参数。为仿真对象设置参数，实际上是为上一步建立的方程组赋值系数。Amesim 在参数设置阶段有点特殊，当首次或更改了子模型后，要进入到这一阶段，首先要进行编译链接，如果编译能够顺利通过，就说明用户的仿真模型在链接上是没有错误的，这时就可以设置各个子模型的参数，其实就是为上一步设定的方程组中的系数赋予具体的值；如果模型有错误，编译失败，用户要返回到第一步或第二步，修改模型。参数设置阶段决定了最终建立的仿真模型与实际系统的相似度，很显然，参数设置越准确，仿真的结果与系统实物的运行结果越吻合。在本书中，笔者尽量通过查找液压元件样本，得到实际元件的仿真关键参数（如流量压力特性），然后将该参数赋值到仿真模型中，以求仿真结果与实际系统更加接近。

最后一步是仿真阶段。进入该阶段后，运行仿真。实际上 Amesim 在后台求解我们前面建立的方程组（虽然用户看起来这根本不是方程组，只是一些图形，而Amesim 方便就方便在这）。求得的解，通常是与时间相关的变量。将该变量从"Variables"窗口中拖动到草图窗口中，Amesim 将自动绘制出曲线图，而这个曲线图，就是我们需要的仿真结果。用户后期可以对这些曲线进行处理，这些通常都是动几下鼠标的事。

　　至此，我们就完成了整个仿真过程。

　　从上面的分析读者可以看到，系统的仿真其实没有什么神秘的，简单说，不过是找到一组数学公式来描述现实生活中的实际系统，然后赋予这些数学公式以正确的系数，最后再求解这组数学公式。Amesim 将上述过程图形化，并提供了求解方程组的多种算法，方便了用户。

　　由于本书主要是讲解液压系统的 Amesim 仿真方法，因此我们再单独介绍一下液压系统的建模步骤。

　　液压领域的建模分成液压系统建模和液压元件建模。对于液压系统，可以先根据原理图进行草图模型的构建；再为草图元件赋予子模型；然后是为子模型赋值参数；最后是仿真。对于液压元件，要根据其机械结构或物理原理，创建草图模型，后面的过程和系统建模一样。

　　Amesim 功能强大，既可以进行液压系统静态特性的仿真，也可以进行液压系统动态特性的仿真。

　　液压系统静态特性是指液压系统由瞬态过程进入稳态过程后的输出状态。例如泵或阀的流量、执行机构的速度、元件的效率、系统的稳定性等。求解静态特性一般需建立静态模型，通常是一组代数方程，然后用计算机进行数值求解（在 Amesim 中，用户看不到自己建立的代数方程组，而是由那些图形和子模型构成代数方程组，这保证了 Amesim 的易用性，用户不需要太多数学知识，就可以进行建模）。静态计算除了用于静态设计外，静态的稳定值又是动态计算的起点。

　　动态特性是指控制系统在接到输入信号以后，从初始状态到最终状态的响应过程，即通称的瞬态响应。对液压系统来说，主要是指高压管道与高压腔的压力瞬态峰值与波动情况、负载或控制机构（控制阀和变量泵的变量机构）的响应速度。求解动态特性需要建立动态模型，通常是一组以时间为独立变量的微分方程。

　　掌握了以上步骤，基本就算掌握了仿真的基本方法了。剩下的工作，就是熟悉 Amesim 中多种多样的库了。笔者认为，这时不仅考验用户的 Amesim 建模能力，更考验用户的专业背景，可以这样说，对自己的专业越熟悉，越能用好 Amesim。那么想要用好 Amesim，需要具备哪些方面的基础知识呢？第一，数学知识必不可少，特别是一些简单数学运算是很常用的。比如，方向的确定、单位换算、参数的间接求取等；第二是一些物理学知识，比如力学知识、电学知识、热力学知识等，因为 Amesim 主要是工程仿真，说白了就是一些物理学现象。其中力学和电学知识在 Amesim 之中用得很多，力、功、压力、压强、速度、加速度等是很常见的，就不再赘述了。另外一个很重要的知识是逻辑知识，这方面其实也不叫专门知识，但是很重要，许多时候在做控制时需要一个很清晰的逻辑思维。

　　最后要告诉读者的是，仿真终究是仿真，无论何时也代替不了实物样机。我们不能因为掌握了一点仿真技巧就沾沾自喜，在得到仿真结果后，还是要回到应用实践中去，在实践中检验仿真的正确性。

1.2　Amesim 中液压仿真的总体介绍

随着机电液一体化技术的发展，液压传动与控制系统在大型工程机械装备中的重要性进一步提高。末端执行机构对动作的快速性、准确性和稳定性要求的增加也对液压系统动作的控制精度、复杂程度、动态响应特性等提出了更高要求。以满足静态性能要求和实现预定动作循环为目的的传统的液压设计手段已不能满足当前的工程需要，而通过软件仿真则可有效缩短设计周期，减少试验的成本及实验引发的危险事故，同时可及时掌握系统的动态工作特性，通过对仿真数据的分析评价，为液压系统及整机的优化提供理论依据，进一步提高液压系统和整个机械装置的工作可靠性。

Amesim 即 Advanced Modeling Environment of Simulation（高级建模仿真环境），是 1995 年由法国 IMAGINE 公司基于键合图理论开发的软件，目前该公司已被西门子公司收购。

Amesim 主要应用于机械及液压系统建模、仿真和动力学分析，由于其能够为流体动力、热传动、系统控制提供较好的仿真环境，现已在汽车的燃油喷射、悬挂系统、ABS 制动控制、工程机械的传动、液压管路、润滑控制、航空航天的机翼回路控制、火箭助推器、飞机吊舱等多个领域广泛应用。

1.2.1　Amesim 中的库

Amesim 是一个仿真软件，其主要特点是为用户提供一个仿真平台，使使用户在对仿真背后的数学知识不是非常熟悉的情况下，仍然能够搭建复杂的仿真系统进行仿真。

在 Amesim 中，预先提供了众多的数学模型。Amesim 将这些数学模型进行了归类，这些仿真模型的归类称为"库"。正是由于 Amesim 中预先提供了这些建模准确、使用方便的"库"，才使得利用 Amesim 软件搭建各类仿真系统变得易如反掌，提高了仿真的效率和准确性。因此，从某种程度上说，学习 Amesim 的仿真方法，主要是对 Amesim 中库的学习。

由于本书主要是介绍 Amesim 液压系统的仿真，因此免不了要和各种各样的液压库打交道，在 Amesim 中，最常使用的与液压相关的库有如下三种：标准液压库（Hydraulic，HYD）、液阻库（Hydraulic Resistance，HR）和液压元件设计库（Hydraulic Component Design，HCD）。启动 Amesim 后，在默认情况下，这三个库应该出现在右侧的"Library tree"列表中，如图 1-1 所示。

为什么在 Amesim 中提供了三个与液压相关的库呢？这是因为每个库分别满足了液压仿真中不同方面的需求。

标准液压库主要是通过库内典型液压元件进行液压系统仿真。标准液压库的仿真元件如图 1-2 所示。

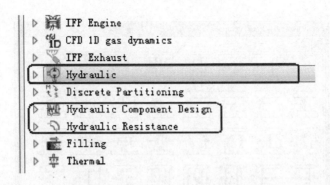

图 1-1　与液压相关的 Amesim 库

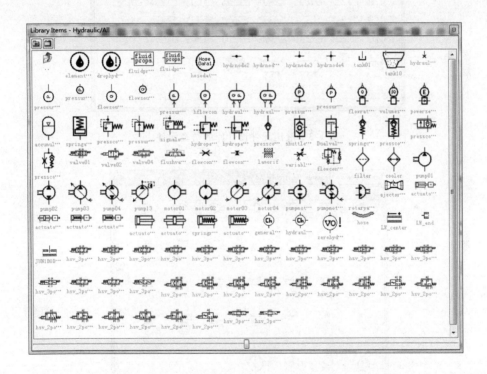

图 1-2　标准液压库的仿真元件

　　液压元件设计库是由基本几何结构单元组成的基本元素库，用于根据几何形状和物理特性详细构建各种液压元件的仿真模型。液压元件设计库的仿真元件如图 1-3 所示。

　　液阻库主要用于分析液压管网中的压力损失和流量损失。液阻库的仿真元件如图 1-4 所示。

　　在本书中，我们主要讲解液压库和液压元件设计库。

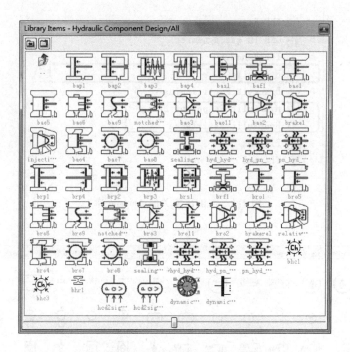

图 1-3　液压元件设计库的仿真元件

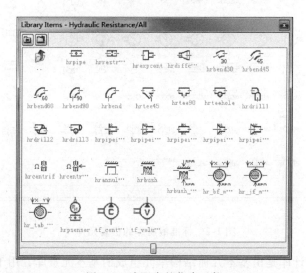

图 1-4　液阻库的仿真元件

1.2.2　液压系统的组成

　　要进行液压系统计算机仿真，首先要了解什么是液压系统。一个完整的、能够正常工作的液压系统，应该由以下五个主要部分组成：

（1）动力装置　该装置是供给液压系统压力油，把机械能转换成液压能的装置。最常见的形式是液压泵。

（2）执行装置　该装置是把液压能转换成机械能的装置。其形式有做直线运动或摆动的液压缸和做回转运动的液压马达，它们又称为液压系统的执行元件。

（3）控制调节装置　该装置是对系统中的压力、流量或流动方向进行控制或调节的装置，如溢流阀、节流阀、换向阀等。

（4）辅助装置　上述三部分之外的其他装置，如油箱、滤油器、油管等，它们对保证系统正常工作是必不可少的。

（5）工作介质　传递能量的流体，即液压油与压缩空气。

以上液压系统的 5 个组成部分，在 Amesim 的液压库、液压元件设计库中都有对应的仿真模型。

下面以表格的形式将其中的主要元件按上述 5 个组成部分进行归纳整理（见表 1-1 ~ 表 1-5）。

表 1-1　Amesim 中的动力装置

图标	英文	中文	备注
	hydraulic pressure source can be used as a perfect pressure compensated pump	恒压源	
	hydraulic flow source/sink can be used to replace a pump or motor	恒流源	
	fixed displacement hydraulic pump	定量泵	需要和机械库中的电动机配合
	variable displacement hydraulic pump	变量泵	需要和机械库中的电动机配合

表 1-2　Amesim 中的执行装置

图标	英文	中文	备注
	jack/mass with double hydraulic chamber and single rod	双作用单活塞杆带负载液压缸	需要和机械库、信号库中的元件配合
	hydraulic actuator with single shaft and double flow ports	双作用单活塞杆液压缸	需要和机械库、信号库中的元件配
	hydraulic actuator with one connected and one unconnected shaft and double flow ports	双作用双活塞杆液压缸	需要和机械库、信号库中的元件配
	hydraulic actuator with springassistance, single shaft and single flow port	单作用弹簧回程液压缸	需要和机械库、信号库中的元件配

（续）

图标	英文	中文	备注
	fixed displacement hydraulic motor	定量马达	需要和机械库中的旋转负载配合
	variable displacement hydraulic motor	变量马达	需要和机械库中的旋转负载配合

表 1-3　Amesim 中的控制和调节装置

图标	英文	中文	备注
	hydraulic pressure relief valve	溢流阀	
	Pressure reducer	减压阀	
	signal operated hydraulic pressure relief valve	电磁溢流阀	可当作比例、伺服压力阀使用
	hydraulic operated hydraulic 2 ports valve	顺序阀	通过对各个端口进行控制，可以实现各种顺序阀的功能
	spring loaded hydraulic check valve	带弹簧单向阀	
	piloted spring loaded hydraulic check valve	液控单向阀	
	hydraulic restrictor	节流孔	
	variable hydraulic restrictor	可调节流阀	
	hydraulic flow regulator	调速阀	
	PB－AT ‖ 0 ‖ PA－BT	3 位 4 通中位机能为 O 型的换向阀	需要和信号库中的元件配合使用
	PB－AT ‖ PA－BT	2 位 4 通换向阀	需要和信号库中的元件配合使用

　　值得说明的是，上面表格中的电磁溢流阀、换向阀都可以既当成普通的换向阀使用，又可以当作比例、伺服阀来使用。另外，Amesim 中的液压库提供的液压元件是比较完整的，基本可以满足一般的仿真需求（表中仅象征性的引用了一些有代表性的元件），只有比较特别的情况需要采用液压元件设计库来进行特殊设计，这在本书的后面部分有例子进行讲解。

表 1-4　Amesim 中的辅助装置

图标	英文	中文	备注
	3 ports hydraulic node	3 端口液压节点	
	4 port hydraulic node	4 端口液压节点	
	hydraulic tank or reservoir	液压油箱	
	zero hydraulic flow source	零流量源	通常用作回路中的封堵元件
	hydraulic accumulator (gas filled)	皮囊式蓄能器	
	hydraulic spring accumulator	弹簧式蓄能器	

表 1-5　Amesim 中的工作介质

图标	英文	中文	备注
	general hydraulic properties	常用液压属性	所有液压仿真中都要使用该元件
	fluid properties calculations	液压油属性	

　　读者要注意，所有液压仿真中都要使用液压属性图标（●），在本书的所有实例中，所有的仿真回路都采用了该图标，在后面的实例中仿真回路默认不再列出该仿真元件，只要涉及到液压仿真，回路中首先要放置该图标，切记！！！

　　另外，在用 Amesim 进行液压系统仿真时，还经常会用到机械库、信号库中的元件，本节不对这些元件进行介绍，等到使用这些元件时，再做简单的说明。

1.2.3　简单实例

　　本例将介绍一个最简单的液压系统的仿真建模方法，旨在阐明 Amesim 进行液压系统建模的一般方法，关于更详细的介绍，读者可以参考文献 [1]。

　　首先启动 Amesim，软件自动新建一个空白文件，如图 1-5 所示。

　　注意到右侧的 "Library tree" 面板，拖动其右侧的滑动条，找到 "Hydraulic" 库，双击，弹出 "Hydraulic" 库窗口，如图 1-6 所示。

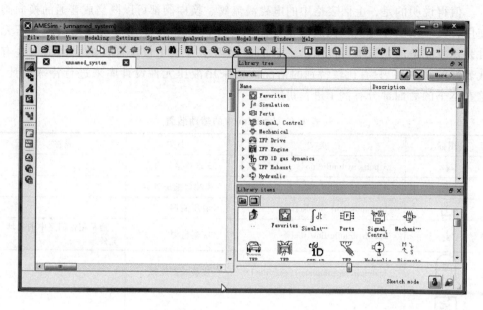

图 1-5　Amesim 启动界面

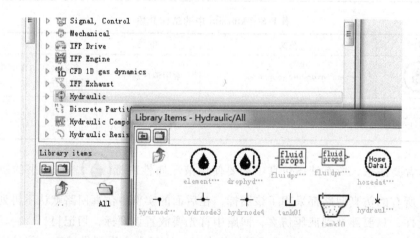

图 1-6　打开 Hydraulic 库

在打开的"Hydraulic"库窗口中，拖动下列图标到草图工作区中，如图 1-7 所示。

再从右侧的"Library tree"窗口中找到"Mechanical"（机械）库，双击，启动机械库窗口，如图 1-8 所示。

拖动机械库中的电动机和旋转负载图标到草图区，最终完成结果如图 1-9 所示。

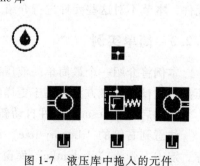

图 1-7　液压库中拖入的元件

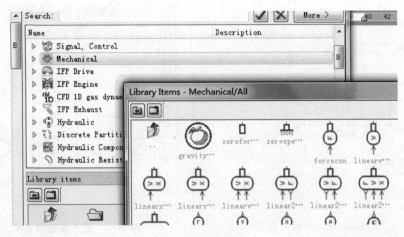

图 1-8　机械库

通过单击鼠标左键可以在元件之间建立连线，如图 1-10 所示。

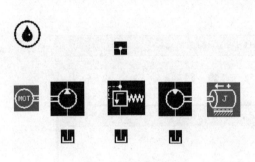

图 1-9　初步草图

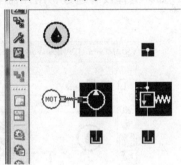

图 1-10　在元件之间建立连线

按图 1-11 所示，将所有元件连接起来。

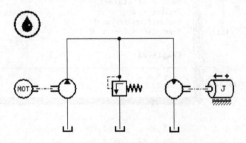

图 1-11　最终完成的仿真草图

单击左侧工具栏上的 "Submodel mode" 按钮 ，进入子模型模式。再单击左侧工具栏上的 "Premier submodel" 按钮 ，对所有元件应用主子模型，结果如图 1-12 所示。

单击左侧 "Parameter mode" 按钮，进入参数设置模式，如图 1-13 所示。

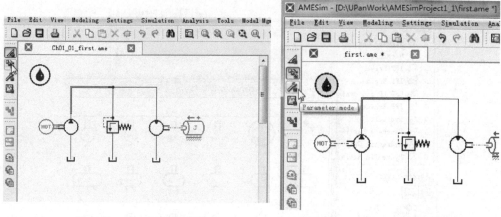

图 1-12　进入子模型模式　　　　　　　　图 1-13　进入参数设置模式

此时，Amesim 将对工程进行编译，如果没有错误，将弹出如图 1-14 所示窗口，如果编译没有通过，用户需要返回之前的步骤查找原因。

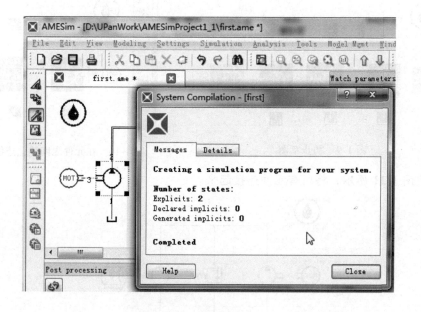

图 1-14　编译成功

编译成功后，应该为所有的元件设置仿真参数，本例中为简单起见，省略这一过程，对所有的元件保持默认参数设置。具体设置参数的方法读者可以查看参考文献［1］。

然后，点击工具栏左侧的"Simulation mode"按钮，如图 1-15 所示，进入仿真模式。

进入仿真模式后，单击"Start a simulation"按钮，如图 1-16 所示，运行仿真。

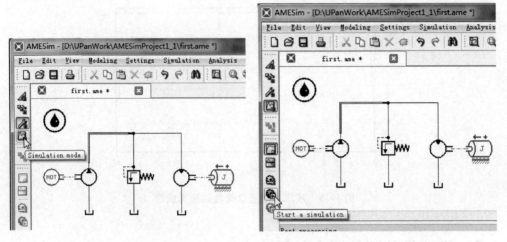

图 1-15　进入仿真模式　　　　　　　　　　　图 1-16　运行仿真

仿真运行完成后，选择工作区中的马达模型，将在 Amesim 窗口中显示"Variables of motor01"子窗口。选择其中的"flow rate at port 1"变量，将其拖动到草图空间中，如图 1-17 所示。将绘制出液压马达进口流量的仿真曲线，如图 1-18所示。

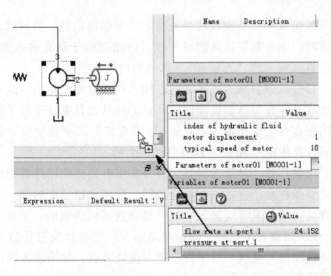

图 1-17　绘制仿真曲线图

以上通过最简单的方式，演示了 Amesim 中进行液压系统仿真的基本方法。本节以阐明基本操作步骤为主，对一些细节介绍得不够详细，如果读者想掌握详细的操作方法，可以查阅参考文献 [1]。

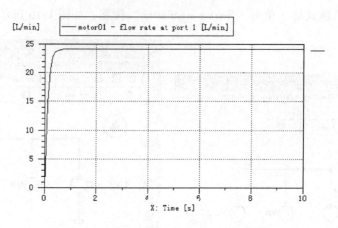

图 1-18　液压马达进口流量的仿真曲线

1.3　系统代数环的概念与解决方案

在使用 Amesim 的过程中，用户经常会遇到代数环问题，关于代数环的概念有必要在本章先进行阐释。

1.3.1　代数环的概念

在数字计算机仿真中，当输入信号直接取决于输出信号，同时输出信号也直接取决于输入信号时，由于数字计算的时序性，会出现由于没有输入无法计算输出，没有输出也无法得到输入的"死锁环"，称之为代数环。

输出中的一部分反馈到输入，或者说，输入直接决定于输出，这是反馈回路的共同特点。代数环是一种特殊的反馈回路，它的特殊之处就在于除了输入直接决定于输出外，输出还直接决定于输入，在这里，"直接"二字很重要，它体现了代数环的实质，仿真计算中的"死锁"就是由此产生的。

如前所述，代数环是一种反馈回路，但并非所有的反馈回路都是代数环。代数环存在的充分必要条件是：存在一个闭合路径，该闭合路径中的每一个模块都是直通模块。所谓直通，指的是模块输入中的一部分直接到达输出。

在 Amesim 中，当前输出依赖于当前时刻输入的模块称为直接馈入模块，所有其他模块称为非直接馈入模块。对于直接馈入模块来说，如果输入端口没有输入信号，就无法计算该模块的输出信号。

在用 Amesim 进行仿真时，常常出现系统模型中产生代数环的情况。在下列两种情况下，系统模型中会产生代数环：

1）具有直接馈入特性的模块的输出端口直接由此模块的输出驱动。

2）具有直接馈入特性的模块的输入端口由其他具有直接馈入特性的模块所构

成的反馈回路间接驱动。

为了验证代数环问题，我们可以用信号库搭建如图 1-19 所示的仿真草图。

进入子模型模式，为所有的元件应用主子模型。

进入参数设置模式，设置 3 号元件的参数为"x∗x"，表示 x 的平方，见表1-6。其中没有提到的元件的参数保持默认值。

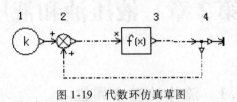

图 1-19　代数环仿真草图

表 1-6　代数环参数设置

元件编号	参数	值
3	Expression in terms of the input	x ∗ x

进入仿真模式，运行仿真。Amesim 会弹出图 1-20 所示对话框，表明当前系统含有代数环。

图 1-20　系统含有代数环提示

1.3.2　代数环的解决方法

对于系统中所产生的代数环，解决的方法有两种：

1）使用手工方法对系统方程直接求解，只适用于简单的情况，复杂的系统就无能为力了。

2）切断代数环。这种方法是在代数环中加入单位延迟模块（Unit Delay）。尽管这种方法非常容易，但是在一般条件下并不推荐这样做，因为加入延迟模块会改变系统的动态特性，而且对于不适当的初始估计值，有可能导致系统不稳定。

在 Amesim 中，通过引入隐含变量来打破代数环。

第 2 章　液压油和液压流体力学的仿真方法

2.1　流体的基本属性

2.1.1　概述

定义液体性质，是液压系统建模的第一步。

液体的性质包括许多方面，包括密度、压缩性、黏度、热导率、比热容、电特性、稳定性、毒性、润滑、饱和压力、蒸发压力、燃点、表面张力、热膨胀性、沸点、气穴、气化等。但上述这些属性只有很少几个是我们在液压仿真计算中需要用到的。

影响液体动态效果的三个基本属性包括：密度（单位 kg/m³），该属性为液体的质量特性；体积模量（单位 bar），是液体的可压缩性，也称为刚度特性；黏度（单位 Pa·s），为液体的阻尼特性。

除上面的三个基本属性，空气含量（air/gas content）、饱和压力（saturation pressure）和蒸发压力（vapour pressures）是处理气蚀现象（aeration/cavitation）必不可少的。

值得说明的是液体的热属性，例如导热系数、比热容、热膨胀等在液压库（HYD）中是忽略不计的（但是在热液压库中是可以考虑的，本书不涉及热液压库的仿真）。

对液压网络的动态属性有 3 个关键的影响因素：
- 密度（density）→惯性影响因素"I"；
- 弹性模量（bulk modulus）→容性影响因素"C"；
- 黏性（viscosity）→阻性影响因素"R"。

还包括与热力学（thermal-related）相关的影响因素，例如，热力传导率（thermal conductivity），特殊的热力扩散并没有考虑在内，因为我们假设是在等温的条件下进行的。

气体含量、饱和压力和蒸汽压力在操作排气和气穴现象时是必需的。

2.1.2　流体密度

流体密度 ρ 定义为单位体积的质量（式中均采用国际单位制），即

$$\rho = \frac{M}{V} \tag{2-1}$$

式中 M——流体的质量（kg）；

V——流体的体积（m³）。

流体密度是压力、温度和流体的类型这三个变量的函数，即

$$\rho = f(p, T, fluid) \tag{2-2}$$

式中 p——压力（Pa）；

T——温度（℃）。

在 Amesim 中，液压油的密度计算考虑到了液体的弹性模量。对于属性为"Simplest"的液压油，密度的计算公式如下：

$$\rho(p) = \begin{cases} \rho(p_{\mathrm{atm}}) \exp\left(\dfrac{p}{B(p_{\mathrm{sat}})}\right) if p \geqslant p_{\mathrm{sat}} \\ \rho(p_{\mathrm{sat}}) \exp\left(\dfrac{1000}{B(p_{\mathrm{sat}})} \cdot (p - p_{\mathrm{sat}})\right) if p < p_{\mathrm{sat}} \end{cases} \tag{2-3}$$

式中 $\rho(p_{\mathrm{atm}})$——在大气压力下的油液的密度；

$B(p_{\mathrm{sat}})$——在饱和压力下的油液弹性模量；

p——当前压力；

$\rho(p_{\mathrm{sat}})$——在饱和压力下的油液密度。

而在仿真中，我们更常使用的油液属性为"elementary"，在该属性下，油液密度的计算公式为

$$\rho(p) = \rho(p_{\mathrm{atm}}) \exp\left(\frac{p - p_{\mathrm{atm}}}{B(p_{\mathrm{sat}})}\right) \tag{2-4}$$

式中 p_{atm}——大气压力。其余符号意义同前。

2.1.3 流体的可压缩性

任何物体，在特定的比例下，都是可压缩的。

如图 2-1 所示，假设将拉力 δF 作用在一杆上，则该杆将发生线性伸长，其体积的增加量 $\delta V/V$ 与单位面积上的力（压强）δp 有关，满足公式

$$\frac{\delta V}{V} = \frac{\delta L}{L} = \frac{1}{E} \cdot \frac{\delta F}{A} \tag{2-5}$$

式中 E——弹性模量（Pa）；

A——杆的横截面积（m²）。

注意，本例是在牵引力作用下的变形。在压力的作用下，由于体积发生缩小，为了保证弹性模量为正值，应该在式（2-5）的右侧添加负号。

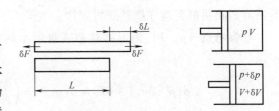

图 2-1 杆在作用力下的变形

如图 2-1 右侧所示液压缸内封闭液体在外力作用下满足：

$$\frac{\delta V}{V} = -\chi(p, T) \cdot \delta p \qquad (2\text{-}6)$$

将式（2-6）整理，有

$$\chi(p, T) = -\frac{1}{V} \cdot \frac{\delta V}{\delta p} \qquad (2\text{-}7)$$

式中　$\chi(p, T)$——流体的可压缩性系数。

$\chi(p, T)$ 的倒数称为弹性模量，即弹性模量 $B = \dfrac{1}{\chi(p, T)} = -V \cdot \dfrac{\delta p}{\delta V}$。

体积 V 的液压刚度由 $\delta P/\delta V$ 定义，表达式为

$$K_{\text{hyd}} = \frac{B}{V} \qquad (2\text{-}8)$$

当液体中混有气泡时，我们称其为有效体积弹性模量 B_{eff}，该参数将在稍后的内容中进行介绍。

机械刚度的定义如下：

$$\delta F = \left(\frac{E \cdot A}{L}\right) \cdot \delta L = K_{\text{mec}} \cdot \delta L \qquad (2\text{-}9)$$

即

$$K_{\text{mec}} = \frac{E \cdot A}{L} \qquad (2\text{-}10)$$

对于封闭容积的流体来说，其刚度定义如图 2-2 所示。

$$K_{\text{hydr}} = \frac{B}{V} = \frac{B}{A \cdot L} \qquad (2\text{-}11)$$

机械刚度和液压刚度的等效定义如下：

$$K_{\text{mec\_equiv}} = A^2 \cdot K_{\text{hydr}} = B \cdot \frac{A}{L} \qquad (2\text{-}12)$$

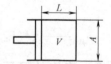

图 2-2　液压刚度的定义

弹性模量 E 和液压弹性模量数值的典型值为 $E = 2.2 \times 10^{11}$ 和 $B = 1.7 \times 10^9$，两种相差大约 125 倍。

1. 流体的密度和弹性模量的从属关系

当前压力和温度下的密度同弹性模量的变化相关。弹性模量和密度有关系是因为所有的物质都要遵守质量守恒定律。

在参考点 (p, T) 附近的状态变量的小的变化，泰勒展开法的前 3 项如下式所示：

$$\rho(p + \delta p, T + \delta T) = \rho(p, T) + \left(\frac{\partial \rho}{\partial p}\right)_T \cdot \delta p + \left(\frac{\partial \rho}{\partial T}\right) \cdot \delta T \qquad (2\text{-}13)$$

式（2-13）可以改写成

$$\rho(p + \delta p, T + \delta T) = \rho(p, T) \cdot \left(1 + \frac{1}{B_T} \cdot \delta p - \alpha \cdot \delta T\right) \qquad (2\text{-}14)$$

式中　$B_T = \rho \cdot \left(\dfrac{\partial p}{\partial \rho} \right)_T$ ——等温弹性模量或弹性模量 B；

　　$\alpha = -\dfrac{1}{\rho} \cdot \left(\dfrac{\partial \rho}{\partial T} \right)_p$ ——体积膨胀系数。

对于封闭的液压系统回路来说，流体的质量既不增加也不减少，因此有

$$dm = d(\rho \cdot V) = 0$$

在恒定的温度下，可以表示成

$$\frac{dV}{V} = -\frac{d\rho}{\rho} \tag{2-15}$$

等温弹性模量的定义可以被表示成

$$B_T = -V \cdot \left(\frac{\partial p}{\partial V} \right)_T \Leftrightarrow B_T = \frac{\rho}{\left(\dfrac{\partial \rho}{\partial P} \right)_T} = \rho \cdot \left(\frac{\partial P}{\partial \rho} \right)_T \tag{2-16}$$

B 和 ρ 之间的一致性符合质量守恒定律，该式在计算的过程中会被反复提及。

在 Amesim 中，密度是从弹性模量计算出来的。这是最精确的结果，因为相比密度弹性模量在更大的范围内变化。

$$B_T = \rho \cdot \left(\frac{\partial p}{\partial \rho} \right)_T \Rightarrow \rho(p, T) = \rho(p_{atm}, T) \cdot \exp\left[\int_{p_{atm}}^{p} \frac{1}{B(p, T)} \cdot dp \right] \tag{2-17}$$

我们注意到，密度随压力的变化而成指数关系变化。但是，在压力较低的情况下，弹性模量比压力大得多，在分析计算时可以用下面的近似关系：

$$\rho(p, T) \approx \rho(p_{atm}, T) \cdot \left[1 + \int_{p_{atm}}^{p} \frac{1}{B(p, T)} \cdot dp \right] \tag{2-18}$$

因此，在较低压力的情况下，密度的变化几乎是线性的。当然，在 Amesim 中并不进行这样的简化，因为程序是严格按照质量守恒定律进行计算的。

当弹性模量当作常量来对待时，有

$$\rho(p, T) = \rho(p_{atm}, T) \cdot \exp\left[\int_{p_{atm}}^{p} \frac{1}{B(p, T)} \cdot dp \right]$$

$$\Rightarrow \rho(p, T) = \rho(p_{atm}, T) \cdot \exp\left[\frac{p - p_{atm}}{B} \right] \tag{2-19}$$

2. 等温和等熵弹性模量

$$B_T = -V \cdot \left(\frac{\partial p}{\partial V} \right)_T \tag{2-20}$$

式中　B_T——等温弹性模量或简称为弹性模量。

但是，仍然存在另一个弹性模量，称为等熵弹性模量，其表达式为

$$B_i = \frac{C_p}{C_v} \cdot B_T = \kappa \cdot B_T \tag{2-21}$$

式中　C_p——比定压热容 [kJ/(kg·K)]；

　　C_v——比定容热容 [kJ/(kg·K)]；

κ——等熵指数，对于空气、H_2、O_2、CO、NO、HCI，κ 的值为 1.4。

比定压热容 C_p 是单位质量的物质在压力不变的条件下，温度升高或下降 1℃ 或 1K 所吸收或放出的能量。比定容热容 C_v 是单位质量的物质在容积（体积）不变的条件下，温度升高或下降 1℃ 或 1K 吸收或放出的能量。

B_i 出现在热力液压库中（如 THH、THCD 等）。

2.1.4　黏性

液体在外力作用下流动（或有流动趋势）时，由于液体分子间的内聚力而产生一种阻碍液体分子之间进行相对运动的内摩擦力，这种产生内摩擦力的性质称为液体的黏性。

黏性是流体和气体的固有属性。

由于黏性的存在产生了压力损失并带来了内部阻尼。

黏性产生的原因是由于速度不同的两层流体之间分子扩散所产生的动量交换。

所以，黏性是流体属性而不是流动性。牛顿首先给出了黏性的定义：距离为"dy"的两层液体，促使两层液体相对运动而施加的力由下式给出：

$$F = \mu \cdot A \cdot \frac{\mathrm{d}U}{\mathrm{d}y} \qquad (2\text{-}22)$$

式中　A——两层液体之间的接触面积（m^2）；

　　　μ——动力黏度（Pa·s）；

　　　U——流体速度（m/s）。

液体的黏度通常有三种不同的测量单位。分别称为绝对黏度、运动黏度和相对黏度。

（1）绝对黏度 μ　绝对黏度又称动力黏度，直接表示液体的黏性即内摩擦力的大小。绝对黏度 μ 在物理意义上讲，是当速度梯度 dU/dz = 1 时，单位面积上的内摩擦力 τ 的大小，即

$$\mu = \frac{\tau}{\mathrm{d}U/\mathrm{d}z} \qquad (2\text{-}23)$$

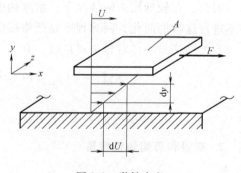

图 2-3　黏性定义

绝对黏度的国际（SI）计量单位为牛顿·秒/米^2，符号为 N·s/m^2，或为帕·秒，符号为 Pa·s。而在 Amesim 中，默认的绝对黏度的单位是厘泊，符号为 cP。如子模型 FP04 中，绝对黏度默认值为 51cP，如图 2-4 所示。常用的单位换算为 1000 厘泊 = 1 帕·秒，即 1000cP = 1Pa·s。

（2）运动黏度 υ　运动黏度是绝对黏度 μ 与密度 ρ 的比值，即

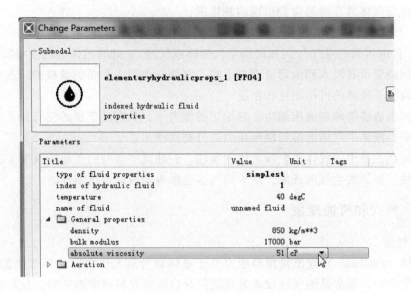

图 2-4　绝对黏度

$$\nu = \frac{\mu}{\rho} \qquad (2\text{-}24)$$

式中　ν——液体的运动黏度（m^2/s）；

　　　ρ——液体的密度（kg/m^3）。

运动黏度的国际（SI）计量单位为米^2/秒（m^2/s）。以前沿用的单位为 St（斯），它们之间的关系是

$$1\,m^2/s = 10^4\,St = 10^6\,cSt(厘斯) \qquad (2\text{-}25)$$

（3）相对黏度　相对黏度是以相对于蒸馏水的黏性的大小来表示该液体的黏性，相对黏度又称条件黏度。

由于在 Amesim 中很少使用相对黏度，本书省略，读者可查找相关书籍。

（4）压力对黏度的影响　在一般情况下，压力对黏度的影响比较小，在工程中，当压力低于 5MPa 时，黏度值的变化很小，可以不考虑。当液体所受的压力加大时，分子之间的距离缩小，内聚力增大，其黏度也随之增大。因此，在压力很高以及压力变化很大的情况下，黏度值的变化就不能忽略。

在 Amesim 中，绝对黏度通常被假定为不变。由于压力增加，液体的密度发生变化，参考式（2-24），则液体的运动黏度要发生变化。

（5）温度对黏度的影响　液压油黏度对温度的变化十分敏感，当温度升高时，其分子间的内聚力减小，黏度随之降低。反之，当温度降低时，黏度随之升高。

2.1.5　存在空气和气泡的流体

流体中空气或气泡的存在会对液体的可压缩性产生较坏的影响。

液体与气体共存时通常会出现两种情况：

1）气体完全溶解：对液体的可压缩性没有影响。

2）自由运动的空气（例如局部空气腔体或气泡）：此时流体的刚度将降低。

当回油管没有浸入到油箱液面以下时，将使气泡混入油箱的油液中。这些混入的气泡改变了流体的可压缩性和密度。

气泡也能够溶解在液压油中。在给定的压力下，只有确定量的空气分子能溶解在液体中。液体中气体的溶解性随压力的升高而增加。

溶解在油液中的气体不影响流体的属性。而油液中含有的气泡则改变了油液的可压缩性。如果发生气蚀现象，产生的气泡也影响油液的可压缩性。

2.1.6　气穴和气蚀现象

1. 气蚀

气蚀（cavitation）现象是指当压力低于液体自身蒸发压力时出现气泡的现象。在日常生活中，最常见的气蚀现象是当我们开启碳酸饮料或啤酒瓶时，饮料中出现气泡的现象，这就是由于瓶子开启使瓶内压力降低，原先溶解在饮料中的气体析出的现象。

通常情况下，液压油中是含有空气的。因此在计算液体性质时需要考虑空气的影响（例如刚度和密度）。为了实现这一点需要设定下列参数：

（1）空气含量（Air/gas content）　空气含量采用体积百分比（percentage of volume），而不是质量百分比。

（2）饱和压力（Saturation pressure）　大于这个压力，所有空气将完全溶解到液压油中，低于这个压力，析出的空气数量是压力的函数。在饱和压力以下，空气部分溶解在油液中，部分以气泡或空腔的形式存在。油液中出现的气泡影响了油液的属性，此时液体的有效弹性模量小于液体本身的弹性模量，液体的密度变小，在液体中声音的传播速度也变小。众所周知，空气的释放或吸收现象要比气蚀现象缓慢得多，该过程与时间无关，因此很难知道实际释放或吸收的气体的量。

2. 气穴

在流体传动系统中，气穴这个词通常指流体中的空腔的形成和破裂。这些空腔中可能含有气体，如果压力降得足够低，液体就开始蒸发，将会形成蒸发的空腔。发生蒸发时的压力称为蒸发压（vapor pressure），该压力与液体的温度直接相关。蒸发压是流体的一个属性。当气蚀现象发生时，气泡的某一部分逐渐增大，直至爆裂，有时这会导致对与气泡相接触的材料的损坏。

2.1.7　液压流体属性子模型

添加一个流体图标、一个可变压力源和一个流体属性传感器到 Amesim 草图工作区中。这是一个最简单的测试流体属性的方法（具体操作方法请参考 2.1.8 节）。

将流体图标设置为 FP04 子模型，如图 2-5 所示。

图 2-5　FP04 子模型

进入参数模式。双击流体图标，弹出改变参数对话框，如图 2-6 所示。

其中"type of fluid properties"可以设置 7 个选项，下面对这 7 个选项进行简单的介绍：

1）Simplest。最简单的模型，Amesim 建议不要使用该模型。

2）Elementary。等同于 Advanced 模型，但其中一些参数不可设置。

3）Advanced。通用流体模型，考虑了流体，还考虑了气体和蒸汽泡（流体排气和气穴）。注意：这里流体的属性是恒定的，但是，由于气体和蒸汽的存在，改变了流体的属性。

4）Advanced using tables。可以使用 ASCII 文件定义流体属性变量作为压力和温度的函数。气体释放和气穴现象同 Advanced 模型一样。

5）Rober Bosh adiabatic diesel。该模型是同 Robert Bosch 合作开发的，采用了昂贵的测试系统进行了验证。注意该模型是绝热流动模型。

6）Elementary with calculated viscosity。该模型类似于"Elementary"，并且计算了运动学黏度，该黏度是流体温度的函数。

7）advanced with calculated viscosity。该模型同"Elementary with calculated viscosity"类似。不同仅仅与空气释放和蒸发的参数有关。这些参数是可进入的并且用户可以进行修改。

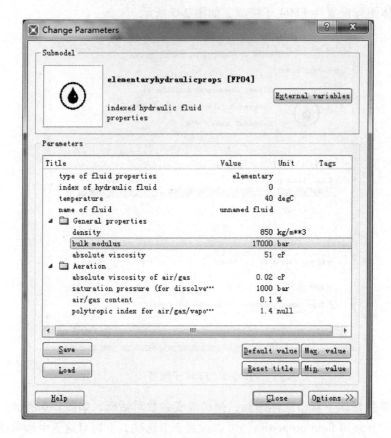

图 2-6　改变参数对话框

下面对图 2-6 中较重要的参数做简单的说明。

1. 液压流体索引（Index of hydraulic fluid）

"Index of hydraulic fluid" 参数是一个标定序号。该序号允许在一个系统中同时使用多种流体属性。在一个仿真草图中，流体属性图标必须使用不同的索引值。

2. 弹性模量（Bulk modulus）

该参数是在温度 T 和饱和压力 p_{sat}（大气压）下液体的弹性模量。在液体阶段，弹性模量假定为恒定值。气体和蒸汽泡的出现降低了液体的弹性模量。T 和 p_{sat} 都在图 2-6 所示的参数窗口中定义。

3. 密度（density）

该密度值是在温度 T 和大气压力下液体阶段液体的密度。密度是压力的函数。当前压力下的密度与弹性模量的变化相关。弹性模量和密度之间的关系遵循质量守恒定律，即

$$B_{fluid} = \rho_{fluid} \frac{\mathrm{d}p}{\mathrm{d}\rho_{fluid}}$$

$$\Rightarrow\rho_{\text{fluid}}(p,T) = \rho_{\text{fluid}}(p_{\text{atm}},T) \cdot \exp\left[\int_{p_{\text{atm}}}^{p} \frac{1}{B_{\text{fluid}}(p,T)} \cdot \text{d}p\right] \tag{2-26}$$

当液体的弹性模量为恒定值时，密度与压力呈指数关系变化，即

$$\rho_{\text{fluid}}(p,T) = \rho_{\text{fluid}}(p_{\text{atm}},T) \cdot \exp\left[\int_{p_{\text{atm}}}^{p} \frac{1}{B_{\text{fluid}}(p,T)} \cdot \text{d}p\right]$$

$$= \rho_{\text{fluid}}(p,T) \cdot \exp\left[\frac{\Delta p}{B}\right] \tag{2-27}$$

4. 绝对黏度（absolute viscosity）**/动力黏度**（dynamic viscosity）

"absolute viscosity" 是液体阶段当温度为 T、压力为 p_{sat} 时的黏度。液体的绝对黏度假定为恒定值。液体中出现的气泡和蒸汽空腔降低了液体的绝对黏度。注意：在 Advanced 模式下，可以设置在出现气泡和蒸汽时的绝对黏度。这些值是在大气压力和 273°K 时给定的。这些值的影响较小，因而可以采用默认值。

5. 其他参数

在 Amesim 的液压库（Hydraulic libraries）中不考虑热量的传递和交换。在 "simplest"、"elementary" 和 "advanced" 属性中，温度参数对处在液体阶段的液体没有影响。该参数仅在液体中出现气体、气泡和蒸汽泡时使用。

在 "advanced using tables" 和 "Robert Bosch adiabatic diesel" 属性中，温度参数影响了液体的属性。

2.1.8　流体属性仿真实例

在草绘阶段，插入一个流体特性图标、一个压力源和一个液体属性传感器。这是一个最简单的测试液体属性的方法。

新建一个 Amesim 仿真文件，从液压（Hydraulic）库中拖动图 2-7 所示元件到工作区中。

组成完整回路草图，如图 2-8 所示，并依次进入子模型模式和参数模式。

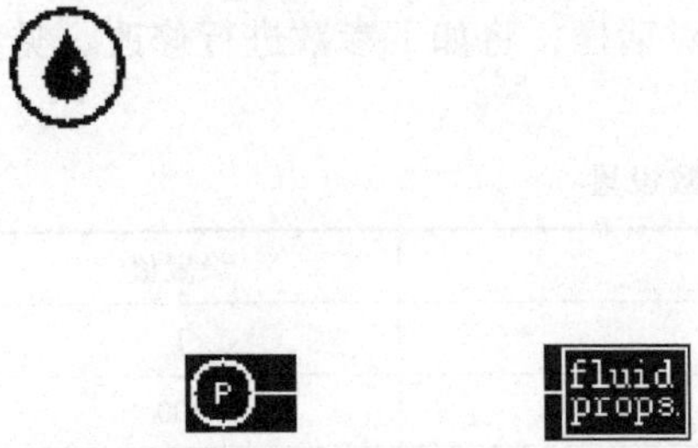

图 2-7　流体属性仿真回路元件　　　　　　　图 2-8　流体属性仿真完整草图

在参数模式下，双击流体属性图标，可以弹出 "Change Parameters" 对话框。点选 "General properties" 和 "Aeration" 前的三角号，展开属性列表，如图 2-9 所示。

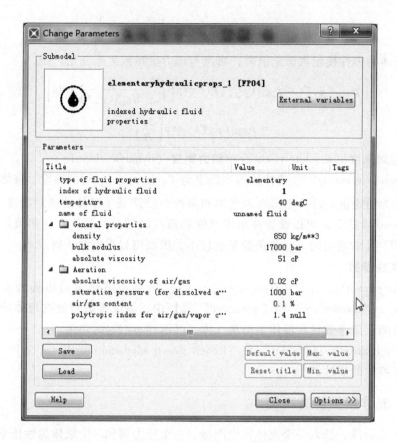

图 2-9　流体属性参数列表

从图 2-9 中可以查到流体当前（在大气压力）的属性值。比如密度（density）
为 850kg/m³；弹性模量（bulk modulus）为 17000bar；绝对黏度（absolute viscosi-
ty）为 51 厘泊（51cP）。

双击图 2-8 中的 1 号元件，弹出参数设置对话框，将如下参数进行修改，见表
2-1。

表 2-1　压力源参数设置

编号	参数	设置值
1	number of stages	1
	pressure at end of stage 1	100
	duration of stage 1	10

进入仿真模式，点击开始仿真按钮。

在较低的压力变化范围内，密度的变化几乎是线性的，如图 2-10 所示。

在更大的压力变化范围内，将观察到指数变化的特性，如图 2-11 所示。

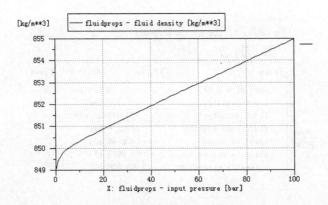

图 2-10　密度随压力呈线性变换规律

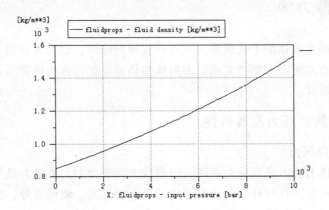

图 2-11　密度随压力呈指数规律变化

以上是定性分析液压油的特性。

也可以进行定量的仿真分析。

由表 2-1 可见，压力最后升高到 10bar，那么在 10bar 压力下，液压油的密度为多少呢？根据式（2-4），液体在 10bar 压力下的密度应为

$$\rho = \rho(p_{atm}) e^{\frac{p-p_{atm}}{B}} = 850 \text{kg/m}^3 \cdot e^{\frac{10\text{bar}-1.01325\text{bar}}{17000}} = 854.964 \text{kg/m}^3 \qquad (2\text{-}28)$$

选中图 2-8 中的元件 2，得流体在当前压力下的密度为 854.979kg/m^3，与式（2-28）计算结果基本吻合，如图 2-12 所示。

同样，根据式（2-24），得液体的运动黏度为

$$\nu = \frac{\mu}{\rho(p)} = \frac{51 \text{Pa} \cdot \text{s}}{854.964 \text{kg/m}^3} = 5.965 \times 10^{-5} \text{m}^2/\text{s} \qquad (2\text{-}29)$$

根据式（2-25）及图 2-12（最下一行，"kinematic viscosity" 为 59.648cSt，为 $5.965 \times 10^{-5} \text{m}^2/\text{s}$），可见理论计算与仿真结果基本吻合。

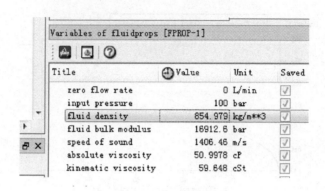

图 2-12　流体的密度

2.2　流体静力学

本节讨论静止液体的平衡规律以及这些规律的应用，它是流体力学的基础。静止是指液体质点之间没有相对运动，而液体整体可以如刚体一样进行各种运动。静止液体不呈现黏性。

2.2.1　液体的静压力及其特性

1. 液体的静压力

作用在液体上的力可以分为两种，即质量力和表面力。质量力是指作用于液体内部每一个质点上，且与液体质量成正比的力，如重力、惯性力等。表面力是指作用在液体外表面，且与液体表面积成正比的力。表面力可以是其他物体作用在液体上的力（外力），也可以是一部分液体作用在另一部分液体上的力（内力）。一般情况下，表面力可以分解为法向力和切向力。只有液体之间有相对运动时才有切向力，在静止的液体中只有法向力。静止液体在单位面积上所受的法向力称为静压力。当液体内某点处微小面积 ΔA 上作用有法向力 ΔF，且 ΔA 趋于 0 时，$\Delta F/\Delta A$ 的极限就定义为该点处的静压力 p，即

$$p = \lim_{\Delta A \to 0} \frac{\Delta F}{\Delta A} \tag{2-30}$$

当在面积为 A 的液体表面上，所受的作用力 F 均匀分布时，则静压力可以表示为

$$p = \frac{F}{A} \tag{2-31}$$

液体静压力在物理学上称为压强，在工程实际应用中习惯上称为压力。

2. 液体静压力的特性

1）液体静压力的方向垂直于其承压面，和该面的内法线方向一致。

2）静止液体内任一点所受到的静压力在各个方向上都相等。

2.2.2　静压力基本方程式

液体静压力的基本方程为

$$p = p_0 + \rho gh \tag{2-32}$$

式中　p_0——液面上的压力；

　　　　ρgh——液面上的压力。

2.2.3　液体静压力的仿真

在 Amesim 中，可以使用带液位高度的油箱来仿真液体的静压力。

在 Amesim 的草图工作模式下，搭建如图 2-13 所示仿真草图。

如图 2-13 所示，元件 1、3 模拟封堵了油箱的出油口的元件。元件 2 模拟盛有一定液位高度的油箱。

图 2-13　液体静压力仿真草图

进入子模型模式，对所有元件应用主子模型。

进入参数设置模式，设置各元件的参数，在本例中，所有的元件参数保持默认。

双击元件2，观察其默认参数，如图2-14所示。从该图形中可以看到，油箱的液位高度（参数 "#height of liquid in tank"）为 0.25m，该值在后面的计算中有用。

完成参数设置后，进入仿真模式，运行仿真。

图 2-14　油箱模型参数设置

稍后，仿真完成，选中元件 2，在 "Variables" 窗口中，可以看到油箱端口 1 上的压力 (pressure at port 1) 为 0.0208153bar。

为了验证仿真的结果，我们可以进行一下数值计算。由于油箱的端口 2 被封堵，则油箱液位面上的压力为 0bar，而液体高度为 0.25m (参数 "#height of liquid in tank")，油液的密度为 850kg/m³，重力加速度 g 取 9.80665m/s²。将上述已知数据代入式 (2-32) 中，有

$$p = 0 + 850 \times 9.807 \times 0.25\text{Pa} = 2.084 \times 10^3 \text{Pa}$$

从计算结果看，与仿真结果 0.0208153bar 十分接近，证明了仿真的正确性。

2.2.4 帕斯卡原理

帕斯卡原理为：施加于密封容器内平衡液体中的某一点的压力等值地传递到全部液体。即外加压力 p_0 发生变化时，只要保持原来的静止状态不变，液体中任一点的压力均将发生同样大小的变化。

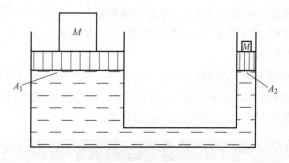

图 2-15　帕斯卡原理

帕斯卡原理如图 2-15 所示。这是一个封闭容器，按该原理，液压缸内压力到处相等，则

$$F_2 = F_1 A_2 / A_1 \tag{2-33}$$

式中　F_1——大活塞上的负载力；

F_2——小活塞上的负载力；

A_1、A_2——大、小活塞的面积。

我们可以用 Amesim 仿真来验证上述帕斯卡原理的正确性。

2.2.5 帕斯卡原理仿真

搭建如图 2-16 所示的仿真草图。进入子模型，为所有元件赋予主子模型。然后进入参数设计模式。

参数设置见表 2-2。其中没有提到

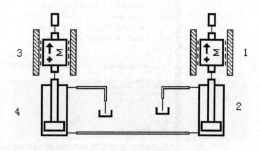

图 2-16　帕斯卡原理仿真草图

的元件和其参数保持默认值。

表 2-2　帕斯卡原理仿真回路参数设置

元件编号	参　　　　数	值
1	inclination（ +90 port 1 lowest， -90 port 1 highest）	-90
2	pressure at port 1	19.98
	#displacement of piston	0.1
3	mass	10000
	inclination（ +90 port 1 lowest， -90 port 1 highest）	-90
4	pressure at port 1	19.98
	#displacement of piston	0.1
	piston diameter	250
	rod diameter	120

从表中的设置可以看出，元件 1 用来模拟小液压缸的负载，质量为默认的 100kg，参数"inclination（ +90 port 1 lowest， -90 port 1 highest）"设置为 -90 度，表示该液压缸是垂直放置的。

元件 2 用来模拟小液压缸，其活塞直径保持为默认值 25mm。端口 1（液压缸无杆腔）压力设置为 19.98bar，原因稍后说明。另外，设置液压缸 2 的初始位移为 0.1m，以模拟液压缸的初始容积。

元件 3 的作用是模拟大液压缸的负载，质量为 10000kg，是小液压缸负载的 100 倍。同样设置"inclination（ +90 port 1 lowest， -90 port 1 highest）"为 -90°，垂直放置。

元件 4 用来模拟大液压缸，同样设置端口 1 压力为 19.98bar，初始位置 0.1m，活塞、活塞杆直径分别为 250mm 和 120mm，即大液压缸 4 直径为小液压缸 2 直径的 10 倍。

现在来解释为什么将无杆腔压力设置为 19.98bar。

我们知道，液压系统的压力是由负载决定的，本仿真系统的负载为

$$G = m_2 g = 10000 \times 9.81\text{N} = 98100\text{N} \tag{2-34}$$

式中　m_2——元件 3 的质量。

则系统压力

$$p = \frac{m_2 g}{A_2} = \frac{m_2 g}{\frac{\pi}{4} d_2^2} = \frac{10000 \times 9.81}{\frac{\pi}{4} \times 0.25^2}\text{bar} = 19.98\text{bar} \tag{2-35}$$

式中　d_2——元件 4 大液压缸活塞直径。

综上，我们需要将大小活塞缸的无杆腔压力设置为 19.98bar。

进入仿真模式，运行仿真。

运行仿真，几秒钟后，仿真运行完成。为了观察液压缸的位移是否发生了变化（即元件 4 的作用力是否能支撑住元件 3 上的外负载），可以选中元件 4，绘制其活塞的位移曲线图，即变量"displacement of piston"的输出曲线，如图 2-17 所示。

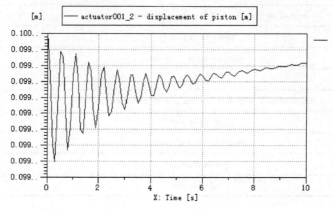

图 2-17　活塞位移曲线

从图 2-17 可以看出，纵轴的范围过小，由于我们只关心宏观上的位移，所以我们要对纵轴做简单设置。

单击图 2-17 中"AMESPlot"窗口的"Tools"菜单，再单击"Plot manager"，在"Plot manager"对话框的左侧选"Y axis"，如图 2-18 所示。

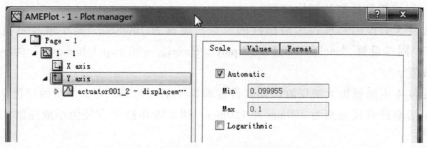

图 2-18　修改 Y 坐标轴的显示范围

然后勾选掉窗口右侧"Automatic"选项前的对勾，并修改"Min"为 0，"Max"为 0.3，如图 2-19 所示。单击确定。

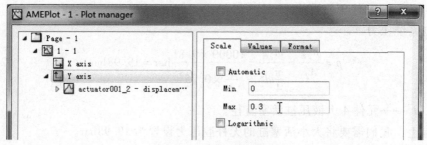

图 2-19　修改显示范围

此时液压缸位移输出如图 2-20 所示。从图 2-20 可以看出，液压缸的活塞基本未动，可见元件 4 的输出力能够支撑住外负载（元件 3）。

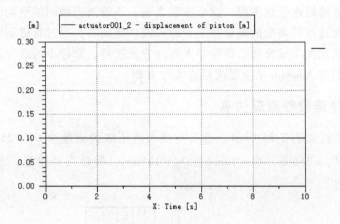

图 2-20   液压缸位移输出

而此时小液压缸上的负载（元件 1）为 100kg，是大液压缸上的负载（元件 3）10000kg 的 1/100。可见只用很小的力就能够推动很大的负载，验证了帕斯卡原理的正确性。

2.3   流体动力学

流体动力学主要讨论液体的流动状态、运动规律及能量转换等问题，这些都是液体动力学的基础及液压传动中分析问题和设计计算的理论依据。液体流动时，由于重力、惯性力、黏性摩擦力等因素影响，其内部各处质点的运动状态是各不相同的。这些质点在不同时间、不同空间处的运动变化对液体的能量损耗有影响。但对液压技术来说，人们感兴趣的只是整个液体在空间某特定点处或特定区域内的平均运动情况。此外，流动液体的运动状态还与液体的温度、黏度等参数有关。为了简化条件便于分析，一般都假定在等温条件下（此时可以把黏度看作是常量，密度只与压力有关）来讨论液体的流动情况。

2.3.1   液体连续性原理

流量连续性方程是质量守恒定律在流体力学中的一种表现形式，根据质量守恒定律，液体流动时既不能增加，也不会减少，而且液体流动时又被认为是几乎不可压缩的。根据质量守恒定律，在单位时间内流过两个截面的液体质量相等，即

$$\rho_1 v_1 A_1 = \rho_2 v_2 A_2 \tag{2-36}$$

当忽略液体的可压缩性时，即 $\rho_1 = \rho_2$，则得

$$v_1 A_1 = v_2 A_2 \tag{2-37}$$

由于通流截面是任意选取的，故

$$q = vA = 常数 \tag{2-38}$$

这就是理想液体的连续性方程。这个方程表明：不管通流截面的平均流速沿着流程怎样变化，流过不同截面的流量是不变的；液体流动时，通过管道不同截面的平均流速与其截面积大小成反比，即管径大的地方流速慢，管径小的地方流速快。

下面我们用 Amesim 来验证流量连续性方程。

2.3.2　流体连续性原理仿真

连通液压缸如图 2-21 所示。通入左侧小液压缸的流量为 $Q_1 = 25\text{L/min}$。图中 $d_1 = 20\text{mm}$，$D_1 = 75\text{mm}$，$d_2 = 40\text{mm}$，$D_2 = 125\text{mm}$，假设没有泄漏，求大小活塞运动速度 v_1、v_2。

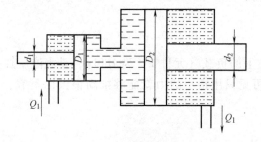

图 2-21　连通液压缸

解：根据流量连续性方程式（2-38），则

$$v_1 = \frac{Q_1}{A_1} = \frac{Q_1}{\frac{\pi}{4}(D_1^2 - d_1^2)} = \frac{25 \times 10^{-3}}{\frac{\pi}{4}(0.075^2 - 0.02^2)}\text{m/s} = 0.102\text{m/s} \tag{2-39}$$

$$v_2 = \frac{q}{A_2} = \frac{\frac{\pi}{4}D_1^2 v_1}{\frac{\pi}{4}D_2^2} = \frac{0.075^2 \times 0.102}{0.125^2}\text{m/s} = 0.037\text{m/s} \tag{2-40}$$

进入 Amesim 草图模式，创建如图 2-22 所示仿真草图，回路中的元件取自液压元件设计库。

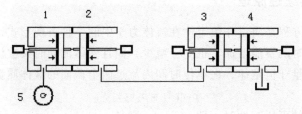

图 2-22　连通液压缸仿真草图

　　搭建完回路后，进入子模型模式，设置所有元件为主子模型。

　　然后进入参数模式，设置回路中的元件参数见表 2-3。其中没有提到的元件参数保持默认值。

表 2-3　元件参数设置

元件编号	参　　数	值
1	piston diameter	75
	rod diameter	20
2	piston diameter	75
	rod diameter	0
3	piston diameter	125
	rod diameter	0
4	piston diameter	125
	rod diameter	40

　　进入仿真模式，运行仿真。选择元件 1，在"Variables"窗口中观察元件 1 的运动速度，即"velocity port 3"，如图 2-23 所示。可见仿真结果与式（1-39）计算结果相同，表明了仿真的正确性。

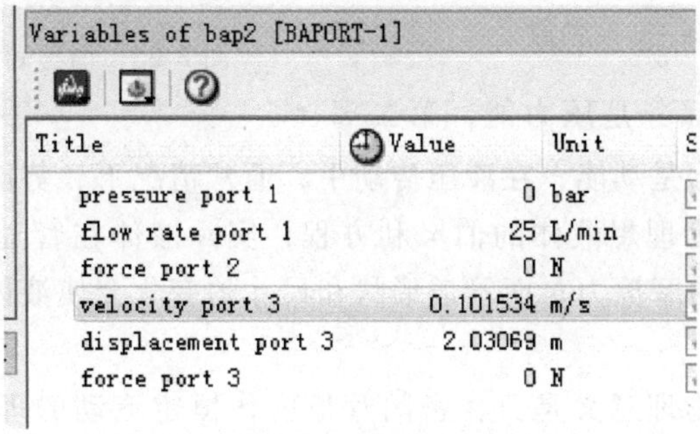

图 2-23　液压缸 1 活塞运动速度

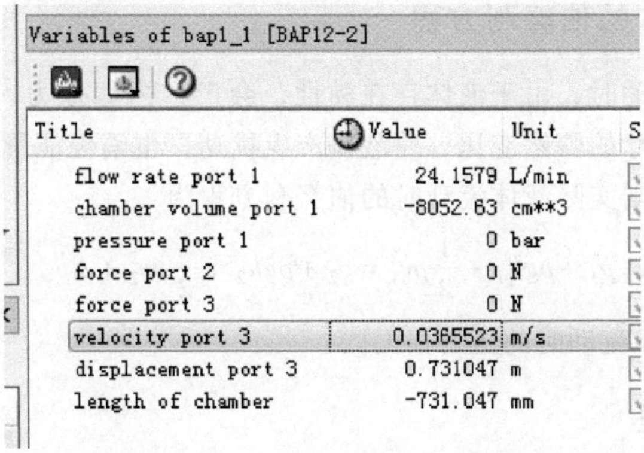

图 2-24　液压缸 2 活塞运动速度

　　选择元件4，同样观察其运动速度，如图2-24所示。与计算结果式（2-40）计算结果相同。

2.3.3　理想液体的伯努利方程

　　伯努利方程是能量守恒定律在流体力学中的一表达形式，该方程是从牛顿第二定律推导出来的，反映了动能、势能、压力能三种能量的转换。

　　图2-25所示为一液流管道，其内为理想液体作恒定流动，设任意两通流截面 A_1、A_2，其离基准线的距离分别为 h_1、h_2，平均流速分别为 v_1、v_2，压力分别为 p_1、p_2，根据能量守恒定律，有

$$\frac{p_1}{\rho} + gh_1 + \frac{v_1^2}{2} = \frac{p_2}{\rho} + gh_2 + \frac{v_2^2}{2} \quad (2\text{-}41)$$

由于两个通流截面是任意选取的，因此上式也可写成

$$\frac{p}{\rho} + gh + \frac{v^2}{2} = 常数 \quad (2\text{-}42)$$

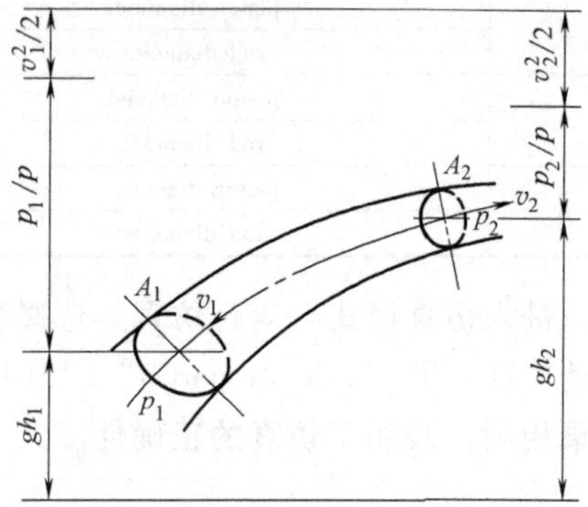

图 2-25　伯努利方程原理示意图

式（2-42）中第一部分是压力能，第二部分是势能，第三部分是动能，在液压传动中，通常情况下，势能被忽略。

　　式（2-42）称为理想液体的伯努利方程，实际液体在管道中流动时，由于液体有黏性，会产生内摩擦力；而管道形状和尺寸的变化会使液体产生扰动，会造成能量损失。

　　式（2-42）的物理意义是：在密闭管道内作恒定流动的理想液体具有三种形式的能量（压力能、势能、动能），在管道流动过程中三种能量之间可以相互转化，但在任一截面处，三种能量的总和为一常数。

2.3.4　实际液体的伯努利方程

　　实际液体在流动时，由于液体存在黏性，会产生内摩擦力，消耗能量；同时，管道局部形状和尺寸的骤然变化，使液体产生扰动，也消耗能量。因此，实际液体流动有能量损失，则实际液体流动时的伯努利方程为

$$p_1 + \rho gh_1 + \frac{1}{2}\rho v_1^2 = p_2 + \rho gh_2 + \frac{1}{2}\rho v_2^2 + \Delta p_w \quad (2\text{-}43)$$

式中　Δp_w——液体流动时的压力损失。

2.3.5　动量方程

　　动量方程是动量定律在流体力学中的具体应用。在液压传动中，要计算液流作

用在固体壁面上的力时，应用动量方程求解比较方便。

剛体力学动量定律指出，作用在物体上的合外力等于物体在力作用方向上单位时间内动量的变化量，即

$$\sum F = \frac{\mathrm{d}I}{\mathrm{d}t} = \frac{\mathrm{d}(mv)}{\mathrm{d}t} \tag{2-44}$$

式中　$\sum F$——作用在物体上所有外力的矢量和；

　　　I——物体的动量；

　　　v——物体的速度。

工程上的大多数问题，通常都可以简化为不可压缩定常流动的模型，且有如下形式的动量定理方程：

$$\sum F = \rho Q(v_2 - v_1) \tag{2-45}$$

即作用在控制体内液体上的所有外力矢量和等于单位时间内流出控制体与流入控制体的液体的动量之差。

2.4　孔口和缝隙流量

液体经孔口或缝隙流动的问题在液压系统中会经常遇到。在液压传动中常利用液体流经阀的小孔或缝隙来控制压力和流量，以此来达到调压或调速的目的。因此，研究液体在孔口和缝隙中的流动规律，对合理分析和设计液压系统至关重要。节流孔的流量特性在液压控制设备中扮演重要的角色（如负载敏感、压力阀的稳定性等）

节流孔是在一个比较宽阔的流道中突然出现的较短的对流量进行限制的机构。如果节流孔的长度接近 0，则称为锐边薄壁孔；如果长度较长，则通常称为短管节流孔，如图 2-26 所示。

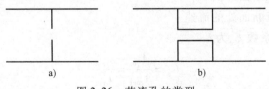

a)　　　　　　　　b)

图 2-26　节流孔的类型

a）薄壁锐边节流孔　b）短管节流孔

2.4.1　孔口流动

伯努利方程的重要应用是对孔口流量公式的推导。要推导孔口流量公式，首先要定义缩流断面。

1. 缩流断面的定义

图 2-27 所示为进口做成锐缘的典型薄壁孔口。由于惯性作用，液流通过小孔

时要发生收缩现象，在靠近孔口的后方出现收缩最大的过流断面，而后再开始扩散。

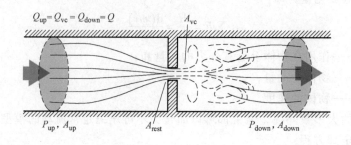

图 2-27　薄壁小孔液流

缩流断面的位置定义在：

- 最小横截面处
- 最大流速处
- 最小的静态压力处

在收缩断面之前，具有稳定的流线。

由于惯性影响，缩流断面位于上述节流孔位置稍后处，一般情况下缩流断面的面积小于节流孔的面积。如图 2-27 中的 A_{vc} 截面。

2. 孔口流量公式的推导

因为在孔口处我们假设流体是不可压缩的，根据质量守恒定律，有

$$\rho A_1 v_1 = \rho A_{rest} v_{rest} = \rho A_{vc} v_{vc} = \rho A_2 v_2 \tag{2-46}$$

式中　A_{rest}——节流孔的面积；

　　　v_{rest}——节流孔处的流速；

　　　A_{vc}——缩流断面的面积；

　　　v_{vc}——缩流断面处的流速。

我们定义收缩系数 C_c 为

$$C_c = \frac{A_{vc}}{A_{rect}} = \frac{v_{rest}}{v_{vc}} \tag{2-47}$$

在缩流断面 A_{vc} 和节流口上游 A_{up} 之间列写伯努利方程，得

$$\rho \frac{Q^2}{2} \left[\frac{1}{A_{vc}^2} - \frac{1}{A_{up}^2} \right] = p_{up} - p_{vc} \tag{2-48}$$

式中　Q——通过薄壁孔口的流量；

　　　ρ——液体的密度；

　　　A_{up}——孔口上游通道断面的面积；

　　　p_{up}——孔口上游通道断面处的压力；

　　　p_{vc}——缩流断面处的压力。

式（2-48）可以被重写为

$$Q = \frac{C_c A_{\text{rest}}}{\sqrt{1 - \left(C_c \dfrac{A_{\text{rest}}}{A_{\text{up}}} \right)^2}} \sqrt{\frac{2}{\rho}(p_{\text{up}} - p_{\text{vc}})} \tag{2-49}$$

因为在缩流断面之前存在黏性摩擦，缩流断面处的液流速度 v_{vc} 比式（2-49）定义的要小一些。为此引入一个比 1 小的修正系数 C_{v}，则式（2-49）可整理成

$$Q = \frac{C_{\text{v}} C_c A_{\text{rest}}}{\sqrt{1 - \left(C_c \dfrac{A_{\text{rest}}}{A_{\text{up}}} \right)^2}} \sqrt{\frac{2}{\rho}(p_{\text{up}} - p_{\text{vc}})} \tag{2-50}$$

我们用流量系数 C_{d} 重写上式，即

$$Q = C_{\text{d}} A_{\text{rest}} \sqrt{\frac{2}{\rho}(p_{\text{up}} - p_{\text{vc}})} \tag{2-51}$$

式中

$$C_{\text{d}} = \frac{C_{\text{v}} C_c}{\sqrt{1 - \left(C_c \dfrac{A_{\text{rest}}}{A_{\text{up}}} \right)^2}} \tag{2-52}$$

式（2-52）称为流量系数（flow coefficient）。

注意 C_{d} 是节流孔几何形状、雷诺数的函数。

用户要注意，流量系数公式（2-52）是节流孔上游管道直径和节流口面积的函数。对于像阀这样的可变节流孔，这就意味着 C_{d} 是阀开口量的函数。

对于孔口来说，一般有 $A_{\text{up}} > 3A_{\text{rest}}$，且 $C_{\text{d}} \approx C_c C_{\text{v}} < 1.0$。但对平滑的形状来说，$C_{\text{d}}$ 可能大于 1。

液压阻尼库提供了许多 $C_{\text{d}} > 1$ 的仿真元件。它们被称为局部压力损失而不是节流孔流量系数，其他公式常被用来标记压力损失。

从式（2-51）中可以看到，要想计算通过孔口的流量，需要知道缩流断面处的压力 p_{vc}。但在实际工作中，测量缩流断面处的压力是有困难的。

为了避免这项有困难的工作，将式（2-51）改写为

$$Q = C_{\text{q}} A_{\text{rest}} \sqrt{\frac{2}{\rho}(p_{\text{up}} - p_{\text{down}})} \tag{2-53}$$

式中 p_{down}——节流孔口下断面处的压力。

在 Amesim 中就是使用这个修正的伯努利方程（2-53）来计算流量的，式中 C_{q} 称为流量系数。

注意到 C_{q} 比 C_{d} 大，这是因为

$$Q = C_{\text{d}} A_{\text{rest}} \sqrt{\frac{2}{\rho}(p_{\text{up}} - p_{\text{vc}})} = C_{\text{q}} A_{\text{rest}} \sqrt{\frac{2}{\rho}(p_{\text{up}} - p_{\text{down}})} \tag{2-54}$$

由于 $p_{\text{down}} - p_{\text{vc}} \approx 0$，且 $p_{\text{up}} - p_{\text{down}} \cdot p_{\text{down}} - p_{\text{vc}}$，所以有

$$C_d \approx C_q \tag{2-55}$$

在本书中将使用 C_q 而不是 C_d。注意，流量系数通常被认为是恒定的。

2.4.2　缝隙流动

在液压元件中，如液压缸的活塞和缸筒之间，液压阀的阀芯和阀体之间，都存在环形缝隙，如图 2-28 所示。经过推导，得流过环形缝隙的流量为

$$Q = \frac{\pi D C_r^3}{12\mu L}(P_{up} - P_{down}) \tag{2-56}$$

式中　C_r——环形的间隙（μm）；

　　　L——管道的长度。

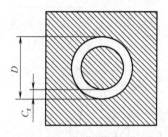

图 2-28　环形缝隙

通常式（2-56）可以整理成下面的形式：

$$Q = \frac{p_{up} - p_{down}}{R} \tag{2-57}$$

或

$$Q = k\Delta P \tag{2-58}$$

2.4.3　Amesim 中的节流孔

Wuest 已经指出 C_q 在缝隙流动中，可以表达成

$$C_q = \delta \sqrt{Re} \tag{2-59}$$

式中　δ——系数。

这样就存在一个问题：Q 是 C_q 的函数，而 C_q 又取决于 Re，由式（2-84）可知，雷诺数 Re 是一个与节流流量损失成比例的系数，这样的话就可推出

$$Q = f(Q) \tag{2-60}$$

注意，这样的话 Q 就成为 Q 的函数，这就是代数环，在仿真中要极力避免！

为了避免代数环，引入一个新的系数 λ，称为流量数（flow number），表达式为

$$\lambda = \frac{D_h}{v}\sqrt{\frac{2}{\rho}(p_{up} - p_{down})} \tag{2-61}$$

将式（2-54）代入式（2-84）中，则雷诺数可以表示为

$$Re = \lambda C_q \tag{2-62}$$

即

$$\lambda = \frac{Re}{C_q} \tag{2-63}$$

和区分层流/紊流状态的临界雷诺数（critical Reynolds number）相对应，我们引入一个临界流数（critical flow number）λ_{crit}，有

$$\lambda_{crit} \approx \frac{Re_{crit}}{C_{qmax}} \tag{2-64}$$

在 Amesim 中，流量系数通常使用 tanh（双曲正切）函数来计算，即

$$C_q = C_{qmax} \tanh\left(\frac{2\lambda}{\lambda_{crit}}\right) \tag{2-65}$$

该双曲正切函数使得流量系数 C_q 在 0 和 C_{qmax} 之间连续变化。

通过节流孔的流量有两种可能的解释：

1）流量在局部压力下测量。

2）流量在参考压力下测量。

Amesim 采用了第二种，以 0 大气压为参考压力。因此，Amesim 中的流量计算式为

$$Q = C_q A_{rest} \sqrt{\frac{2}{\rho}(p_{up} - p_{down})\frac{\rho}{\rho_0}} \tag{2-66}$$

式中　ρ——平均压力 $\frac{p_{up} + p_{down}}{2}$ 下测得的流体的密度；

　　　ρ_0——零大气压下流体的密度。

2.4.4　总结

总结起来有如下公式：

$$C_q = \frac{1}{\sqrt{\xi}} \text{ 或 } \xi = \frac{1}{C_q^2} \tag{2-67}$$

$$Re = C_q \lambda \text{ 或 } \lambda = Re\sqrt{\xi} \tag{2-68}$$

式中　C_q——流量系数；

　　　ξ——摩擦因数。

在 Amesim 的液压库（液压库，液压元件设计库和液阻库）中，用户可以找到多个节流口图标，每个图标对应许多子模型。

在 Amesim 中计算流速的常用方法遵从的过程如下，水力直径 D_h 的计算方法如下：

$$D_h = \frac{4A}{x} \tag{2-69}$$

式中　A——过流面积

　　　x——湿周，即有效截面的管壁周长。

流量数的计算方法

$$\lambda = \frac{D_\mathrm{h}}{\nu} \sqrt{\frac{2}{\rho}(p_\mathrm{up} - p_\mathrm{down})} \qquad (2\text{-}70)$$

式中　ν——液体运动黏度。

流量系数

$$C_\mathrm{q} = F(\lambda) \qquad (2\text{-}71)$$

根据子模型的不同，F 不同。体积流量为

$$Q = C_\mathrm{q} A_\mathrm{rest} \sqrt{\frac{2}{\rho_\mathrm{mean}}(p_\mathrm{up} - p_\mathrm{down}) \frac{\rho_\mathrm{mean}}{\rho_0}} \qquad (2\text{-}72)$$

对 $p_\mathrm{mean} = \dfrac{p_\mathrm{up} + p_\mathrm{down}}{2}$，$\rho_\mathrm{mean} = \rho$；当压力为大气压力，即压力为 p_atm 时，$\rho_0 = \rho$。

在 Amesim 中，流量系数通常使用 tanh（双曲正切）函数来计算，即

$$C_\mathrm{q} = C_\mathrm{qmax} \tanh\left(\frac{2\lambda}{\lambda_\mathrm{crit}}\right) \qquad (2\text{-}73)$$

该双曲正切函数使得流量系数 C_q 在 0 和 C_qmax 之间作连续变化。

2.4.5　孔口流量公式的仿真

本例介绍 Amesim 孔口模型中的孔口流量公式。孔口流量公式为

$$Q = C_\mathrm{q} A \sqrt{\frac{2|\Delta p|}{\rho}}$$

式中　Q——流量；

　　　C_q——流量系数；

　　　A——孔口的截面积；

　　　Δp——压差；

　　　ρ——油液的密度。

但是，如果 C_q 为常数，Q 关于 Δp 的公式在原点处导数无穷大，这在数值计算方面将是非常危险的，同时在物理上也是不现实的。为了克服这个问题，在 Amesim 中，C_q 取为变量。当前的流量值用 λ 来表示有

$$\lambda = \frac{D_\mathrm{h}}{\nu} \sqrt{\frac{2|\Delta p|}{\rho}}$$

式中　D_h——水力直径；

　　　ν——运动黏度。

流量系数公式为

$$C_\mathrm{q} = C_\mathrm{qmax} \tanh\left(\frac{2\lambda}{\lambda_\mathrm{crit}}\right)$$

式中　tanh——双曲正切函数。

当 λ 取大于 λ_{crit} 的值时，C_q 是一个常数。如果 λ 值较小，C_q 值与 Δ_p 成近似的线性关系。λ_{crit} 合理的默认值是 1000。但是，如果孔口的几何形状复杂（且粗糙），该值可以小到 50；对于较光滑的几何形状，该值可以高达 50000。

为了将 Amesim 提供的节流孔模型和经典理论节流孔模型做一比较，按图2-29 构建仿真草图。

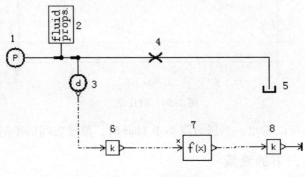

图 2-29　仿真草图

在图 2-29 中，1 号元件的作用是提供系统的工作压力，2 号元件是模拟工作介质属性，3 号元件是取得压力信号，4 号元件是节流孔模型，5 号元件是油箱，6 号元件的作用是将采集到的压力信号由 bar 转换为 Pa，7 号元件的作用是模拟节流孔理论公式，8 号元件是将 7 号元件计算的以 m^3/s 为单位的流量转换成以 L/min 为单位。

仿真回路中元件的参数设置见表2-4。

表 2-4　参数设置

编号	参　数	设　置　值
1	number of stages	1
	pressure at end of stage 1	1
	duration of stage 1	10
6	value of gain	100000
7	expression in terms of the input x	$5*5*1e-6*pi/4*0.7*sqrt(2*x/850)$
8	value of gain	$1000*60$

在表 2-4 中，值得注意的是元件 7 的参数设置，该元件的参数设置值是一个表达式 “$5*5*1e-6*pi/4*0.7*sqrt(2*x/850)$”，其中 “$5*5*1e-6*pi/4$” 是计算节流孔的面积，“0.7” 是流量系数，“sqrt” 是平方根函数。

完成回路的搭建和设置参数后，可以进入仿真模式，运行仿真。

在同一幅图形中绘制 4 号元件的流量（flow rate at port 1）和 8 号元件的输出，

如图 2-30 所示。

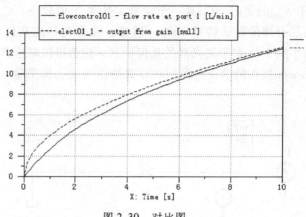

图 2-30　对比图

从图 2-30 中可以看出，当压力降小于 1bar 时，流量之间的不同。

2.4.6　参考压力下的流量

本例子显示了工作压力对油液密度的影响，从而影响了流量的计算。

考虑一个具有如下参数的孔口：

等效直径（equivalent diameter）：5mm

最大流量系数：0.7

临界流量数：50

使用的液压油具有默认参数。上限压力是 1000bar，下限压力是 0bar。在当前的设置下可以得到完全紊流的流动，所以 $C_q = C_{qmax} = 0.7$。

如果假设流体的特性保持恒定，则流量为

$$Q = C_q A \sqrt{\frac{2 |\Delta p|}{\rho}} = 0.7 \frac{\pi (0.005)^2}{4} \sqrt{\frac{2 \times 10^8}{850}} \text{m}^3/\text{s} = 6.667 \text{m}^3/\text{s} = 400.02 \text{L/min}$$

事实上，当压力是 500bar 时，FPROP 模型在这个压力下的密度是 875.4kg/m³。如果在考虑油液的可压缩性的情况下计算流量，结果为

$$Q = 0.7 \frac{\pi (0.005)^2}{4} \sqrt{\frac{2 \times 1 \times 10^8}{875.4}} \text{m}^3/\text{s} = 656.9 \text{m}^3/\text{s} = 394.17 \text{L/min}$$

通过孔口的流量事实上有两种可能的解释：

1）流量通过当前局部的液压力来测量。

2）流量通过参考压力来测量。

前一种方法给出了局部当前压力下的流量。事实上，Amesim 采用了第二种方法，将参考压力设置为 0MPa。这就意味着体积流量总是与质量流量成正比：

$$Q_{(p=0\text{bar})} = \frac{m_{(p=500\text{bar})}}{\rho_{(p=0\text{bar})}} = Q_{(p=500\text{bar})} \times \frac{\rho_{(p=500\text{bar})}}{\rho_{(p=0\text{bar})}}$$

$$Q = 0.7 \frac{\pi (0.005)^2}{4} \sqrt{\frac{2 \times 1 \times 10^8}{875.4} \times \frac{875.4}{850}} \, \mathrm{m^3/s} = 6.765 \, \mathrm{m^3/s} = 405.95 \mathrm{L/min}$$

2.4.7　孔口出流

可以利用仿真来验证孔口流量公式的理论计算，以研究 Amesim 背后是如何运作的。

搭建如图 2-31 所示的仿真草图。

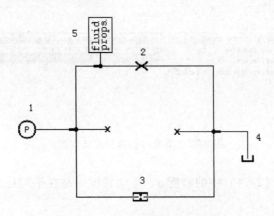

图 2-31　伯努利方程验证仿真草图

元件的参数设置见表 2-5。其中没有提到的元件和参数保持默认值。

表 2-5　伯努利方程验证仿真回路参数设置

编号	参数	设置值
1	number of stages	1
	pressure at end of stage 1	100
	duration of stage 1	10
2	equivalent orifice diameter	2
3	diameter	2

从表中设置的参数可见，通过逐渐增大压力的方法，来计算流量系数等参数。

在 Amesim 中，可以采用两种方式来定义一个节流口，如图 2-32 所示。

如果选择"pressure drop/flow rate pair"方式，将根据在大气压下定义的压力降和流量，来计算等价的孔口面积。

如果选择"orifice diameter/maximum flow coefficient pair"方式，则孔口面积直接依据"equivalent orifice diameter"来计算。

流过孔口的流量使用下式来计算：

$$\lambda = \frac{D_h}{\nu} \sqrt{\frac{2}{\rho} \Delta p} \tag{2-74}$$

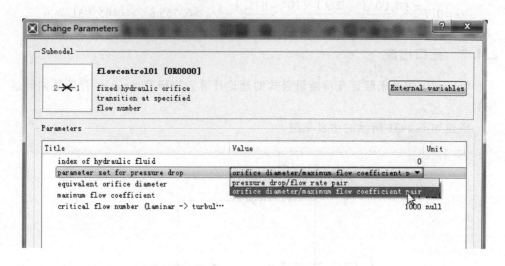

图 2-32　节流口的两种定义方式

值得注意的是，式（2-74）中的密度 ρ、运动黏度 ν 是在平均压力 $\dfrac{p_1 + p_2}{2}$ 下计算得到的。

根据流量数 λ 变化而定义的流量系数公式为

$$C_q = C_{qmax} \tanh\left(\frac{2\lambda}{\lambda_{crit}}\right) \tag{2-75}$$

当 $\lambda > \lambda_{crit}$ 时，根据 tanh 函数的性质，流量系数的 C_q 为一恒定值。当 λ 较小时，该值近似与 Δp 成线性变化。

可以用计算方法来验证仿真的正确性。

首先选择流体属性图标如图 2-33 所示。

观察其参数列表，可见其绝对黏度为 51cP，即 $51 \times 10^{-3} \mathrm{Pa \cdot s}$。因为

$$\nu = \frac{\mu}{\rho} \tag{2-76}$$

式中　μ——动力黏度，又称为绝对黏度（$\mathrm{Pa \cdot s}$）；

　　　ρ——液体密度（$\mathrm{kg/m^3}$）；

　　　ν——运动黏度（$\mathrm{m^2/s}$）。

图 2-33　流体属性图标

选择 5 号元件，查看其运动黏度，则根据式（2-76），得油液的运动黏度为

$$\nu = \frac{\mu}{\rho} = 5.965 \times 10^{-5} \mathrm{m^2/s} \tag{2-77}$$

根据表格 2-5 中的设置，可知水力半径为 2mm。则根据式（2-61），有

$$\lambda = \frac{D_h}{\nu} \sqrt{\frac{2}{\rho}(p_{up} - p_{down})} = 5.121 \times 10^3 \tag{2-78}$$

选择图 2-31 中元件 2，在"Variables"窗口中查看流量数，如图 2-34 所示。可见仿真结果和计算结果一致。

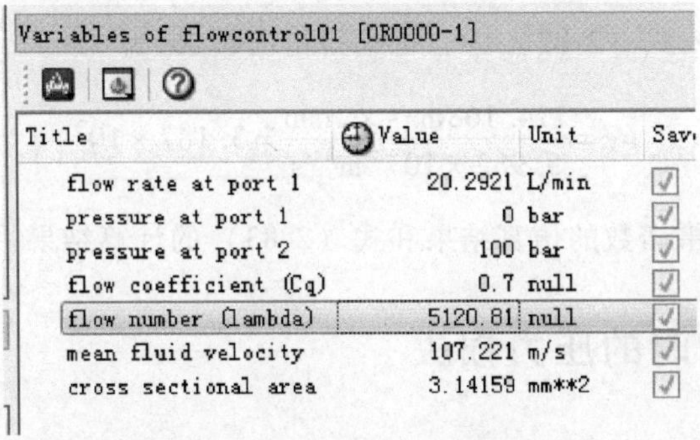

```
Variables of flowcontrol01 [ORO000-1]
```

Title	Value	Unit	Save
flow rate at port 1	20.2921	L/min	☑
pressure at port 1	0	bar	☑
pressure at port 2	100	bar	☑
flow coefficient (Cq)	0.7	null	☑
flow number (lambda)	5120.81	null	☑
mean fluid velocity	107.221	m/s	☑
cross sectional area	3.14159	mm**2	☑

图 2-34　流量数仿真结果

选择图 2-31 中元件 3，在"Parameters"窗口中可见其摩擦因数为 1.8（即 ξ，该值为默认值，所以没有出现在表 2-5 中），则根据式（2-67）有

$$C_q = \sqrt{\frac{1}{\xi}} = 0.745 \tag{2-79}$$

与"Variables"列表中的仿真结果一致，如图 2-35 所示。

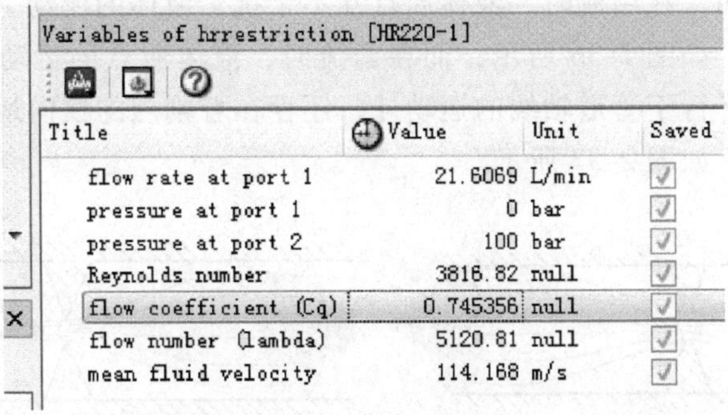

```
Variables of hrrestriction [HR220-1]
```

Title	Value	Unit	Saved
flow rate at port 1	21.6069	L/min	☑
pressure at port 1	0	bar	☑
pressure at port 2	100	bar	☑
Reynolds number	3816.82	null	☑
flow coefficient (Cq)	0.745356	null	☑
flow number (lambda)	5120.81	null	☑
mean fluid velocity	114.168	m/s	☑

图 2-35　流量系数仿真

平均流速的计算公式为

$$v_{mean} = C_q \sqrt{\frac{2}{\rho} \Delta p} \tag{2-80}$$

代入已知数据，得平均流速为

$$v_{mean} = 0.745 \cdot \sqrt{\frac{2 \times 10}{854.453}} \text{m/s} = 114.168 \text{m/s} \tag{2-81}$$

观察图 2-35，可见平均流速（mean fluid velocity）的仿真结果与式（2-81）的计算结果相一致。

在 Amesim 中，雷诺数的计算公式为

$$Re = \frac{V_{\text{mean}} \cdot D_{\text{h}}}{\nu} \tag{2-82}$$

将已知条件代入式（2-82）中，可求得雷诺数 Re 为

$$Re = \frac{114.168\,\text{m/s} \times 2\,\text{mm}}{5.982 \times 10^{-5}\,\text{m}^2/\text{s}} = 3.187 \times 10^3 \tag{2-83}$$

观察图 2-35，可见雷诺数的仿真结果和式（2-83）的计算结果一致。

2.5　液体流动时的压力损失

实际液体流动时管道会产生阻力，为了克服阻力，流动的液体需要损耗掉一部分能量。这部分消耗的能量称为压力损失。

2.5.1　液体的流动状态

19 世纪末，雷诺首先通过实验观察了水在圆管内的流动情况，并发现液体在管道中流动时有两种流动状态（flow regime）：层流（Laminar）和紊流（Turbulent，湍流）。这个实验称为雷诺实验。

实验结果表明，在层流时，液体质点互不干扰，液体的流动呈线性或层状，且平行于管道轴线，如图 2-36 所示；而在紊流时，液体质点的运动杂乱无章，在沿管道流动时，除平行于管道轴线的运动外，还存在着剧烈的横向运动，液体质点在流动中互相干扰，如图 2-37 所示。

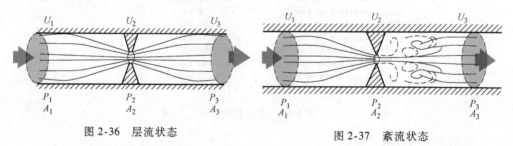

图 2-36　层流状态　　　　　　　　　　图 2-37　紊流状态

层流和紊流是两种不同的流态。层流时，液体的流速低，液体质点受黏性约束，不能随意运动，黏性力起主导作用，液体的能量主要消耗在液体之间的摩擦损失上；紊流时，液体的流速较高，黏性的制约作用减弱，惯性力起主导作用，液体的能量主要消耗在动能损失上。

通过雷诺实验还可以证明，液体在圆形管道中的流动状态不仅与管内的平均流速 U 有关，还与管道的直径 D_{H}、液体的运动黏度 ν 有关。实际上，液体流动状态是由上述三个参数所确定的，称为雷诺数 Re 的无量纲（单位）数，即

$$Re = \frac{UD_h}{\nu} = \frac{Q}{A}\frac{D_h}{\nu} \tag{2-84}$$

式中　U——液体的流速；

　　　D_h——水力直径；

　　　ν——液体的运动黏度；

　　　Q——通过孔口的流量；

　　　A——过流面积。

式中，D_h 可用式（2-69）计算。由式（2-69）可知，面积相等但形状不同的通流截面，其水力直径是不同的。由计算可知，圆形的最大，同心环状的最小。水力直径的大小对通流能力有很大的影响。水力直径大，液流和管壁接触的周长短，管壁对液流的阻力小，通流能力大。这时，即使通流截面积小，也不容易阻塞。

雷诺数是液体在管道中流动状态的判别数。对于不同情况下的液体流动状态，如果液体流动时的雷诺数 Re 相同，它的流动状态也就相同。液体由层流转变为紊流时的雷诺数和由紊流转变为层流时的雷诺数是不相同的，后者的数值要小，所以一般都用后者作为判断液流状态的依据，称为临界雷诺数，记作 Re_n。当液流的实际雷诺数 Re 小于临界雷诺数 Re_n 时，液流为层流，反之为紊流。

雷诺数的物理意义：雷诺数是液流的惯性作用对黏性作用的比。当雷诺数较大时，说明惯性力起主导作用，这时液体处于紊流状态；当雷诺数较小时，说明黏性力起主导作用，这时液体处于层流状态。

2.5.2　压力损失

压力损失有两种形式：

1）由于流体黏性造成的沿程压力损失（friction or regular losses）。

2）由于扰动，诸如膨胀/收缩（expansion/contraction）、节流元件（restrictions）、节流口（orifices）等造成的局部压力损失（local or discrete losses）。

液体流动总的压力损失是沿程压力损失和局部压力损失之和。

1. 沿程压力损失

沿程压力损失的公式为

$$\Delta p_\lambda = \lambda \frac{l}{d}\frac{\rho v^2}{2} \tag{2-85}$$

式中　λ——沿程阻力系数；

　　　l——管道的长度；

　　　d——管道的直径。

2. 局部压力损失

局部压力损失一般要靠实验来确定，局部压力损失 Δp_ξ 的计算公式有如下形式：

$$\Delta p_\xi = \xi \frac{\rho v^2}{2} \tag{2-86}$$

式中　　ξ——局部阻力系数。

总结式（2-85）、式（2-86），两种压力损失都是流体速度的函数

$$\Delta p = K \frac{1}{2} \rho v^2 \tag{2-87}$$

可见，对于沿程压力损失，K 是沿程阻力系数、流经元件的长度以及直径的函数；对于局部压力损失，K 和流经元件的几何形状有关。

注意：不管哪种情况，K 同时也（直接或间接）与流动状态相关。

对于流量控制元件、动态系统以及其他液压元件，例如节流口，则采用流量系数（discharge coefficient）的公式，该计算公式在 Amesim 中经常用到

$$C_d = \frac{1}{\sqrt{K}} \tag{2-88}$$

注意：流量系数 C_d（discharge coefficient）的定义是采用节流口最小截面处的压力而不是 p_{down}。采用 p_{down} 计算的流量公式为

$$Q = C_q A_r \sqrt{\frac{2}{\rho}(p_{\text{up}} - p_{\text{down}})} \tag{2-89}$$

通常，流量系数 C_d 是由试验获得的。该系数与流动状态（flow regime）相关，该流动状态通过雷诺数（Reynolds number）来表征。流量系统同样也和节流口的几何形状相关。

Amesim 中的参数之一是最大流量系数，默认值是 0.7，通常取为 0.6 ~ 0.8。

2.5.3　流体属性对层流紊流的影响

创建如图 2-38 所示的流体属性仿真草图。

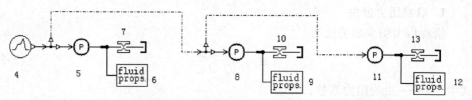

图 2-38　流体属性仿真草图

仿真回路中元件的参数设置见表 2-6。其中没有提到的元件的参数保持默认值。

从表 2-6 中的参数设置可以看到，元件 1 的参数保持默认值，而元件 2、3 的液压索引（index of fluid properties）依次递增，以示区分。并且元件 1、2 的液压油密度不同；而元件 1、3 的动力黏度（绝对黏度，absolute viscosity）不同。

表 2-6　流体属性仿真回路参数设置

编号	参　数	设置值	编号	参　数	设置值
2	index of hydraulic fluid	1	7	equivalent orifice diameter	2
	density	500	9	index of hydraulic fluid	1
3	index of hydraulic fluid	2	10	index of hydraulic fluid	1
	absolute viscosity	25		equivalent orifice diameter	2
4	number of stages	1	12	index of hydraulic fluid	2
	output at end of stage 1	30	13	index of hydraulic fluid	2
	duration of stage 1	10		equivalent orifice diameter	2

元件 4 的作用是信号发生器，用来产生斜坡信号，压力在 10s 内从 0 递增到 30bar。

元件 5、8、11 接收 4 号元件的控制信号，生成压力。

元件 6、9、12 用来将液压油的属性赋予系统的仿真回路。由于元件 6、9 和 12 的液压索引不同，将把不同的液压油属性赋予对应的系统仿真回路。

元件 7、10、13 用来模拟节流孔，孔口的水力半径相同，但液压索引不同，则对应其中的液压油的属性不同。

搭建完仿真回路，并设置好仿真参数后，可以进入仿真模式，运行仿真。

绘制 7 号元件的端口 1 处的流量（方法是拖动对应元件的"flow rate at port 1"变量到"AMEPlot"窗口中），然后再将 4 号元件的变量"user defined duty cycle output"拖动到同一幅"AMEPlot"窗口中，如图 2-39 所示。

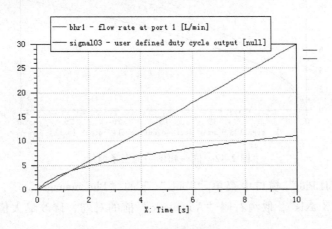

图 2-39　流量曲线图

单击"AMEPlot"窗口中"Tools"菜单下的"Plot manager..."，展开"Plot manager"对话框左侧的树型控件，将图形中的横坐标修改为 4 号元件的输出值。方法是拖动 4 号元件的纵坐标值到 3 条流量曲线的横坐标上，如图 2-40 所示。

　　用右键菜单删除 Times 曲线，如图 2-41 所示。

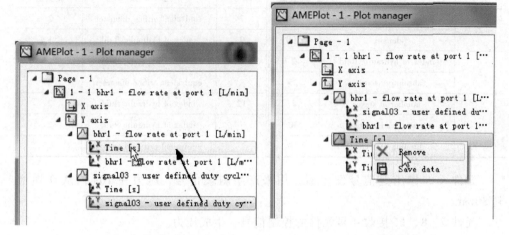

　　　　图 2-40　修改横坐标　　　　　　　　　　图 2-41　删除曲线

　　拖动元件 10、13 的"flow rate at port 1"到当前"AMEPlot"窗口中，如图 2-42 所示。

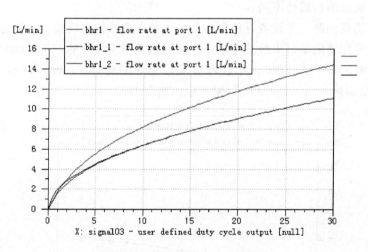

图 2-42　同一幅图中的三条曲线

　　单击"AMEPlot"窗口中菜单"Tools"下的"Plot manager..."，选择左侧树形控件中的"X axis"，取消右侧"Automatic"前的对勾，修改最大值为 10，如图 2-43 所示。

　　再选择左侧树形控件中的"Y axis"，用同样的方法修改 Y 轴的显示最大值为 6，如图 2-44 所示。

　　为了将图形显示得更加清楚，可以修改每条曲线的线型。如图 2-44 所示，选中"Y axis"下的曲线标签"bhr1_1"，修改其线型为虚线。

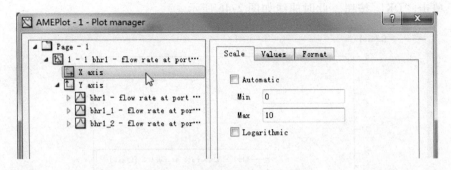

图 2-43　修改横坐标显示范围

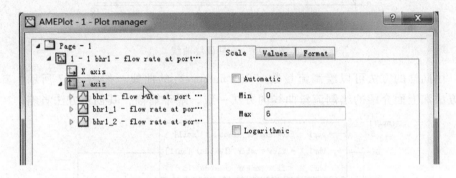

图 2-44　纵坐标的显示范围

用同样的方法修改"bhr1_2"的线型为点画线。

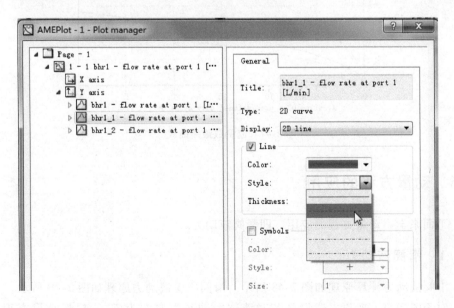

图 2-45　修改线型

单击"OK"按钮，此时曲线如图 2-46 所示。

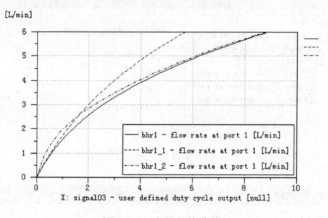

图 2-46　流量最终曲线

用同样的方法可以绘制流量数（flow number）的曲线，如图 2-47 所示。其绘制方法和上面介绍的绘制流量曲线的方法一致，限于篇幅，其创建方法省略。

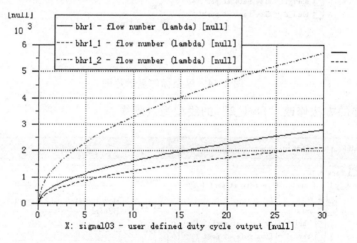

图 2-47　流量数最终曲线

2.6　动量方程的应用

下面来学习动量方程的应用，即滑阀液动力。

2.6.1　滑阀液动力

滑阀液动力计算原理如图 2-48 所示，滑阀所受液动力原理如图 2-49 所示。对于图 2-49a 来说，假设阀芯对液体的轴向力向右为 F_{s1}，根据动量方程式

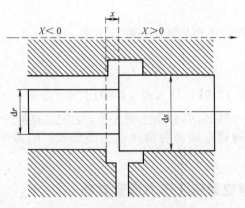

图 2-48　滑阀液动力计算原理

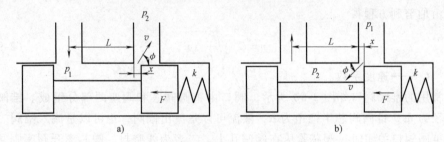

图 2-49　滑阀所受液动力原理

（2-45），有

$$F_{j1} = \rho Q v \cos\theta - 0 = \rho Q v \cos\theta \qquad (2\text{-}90)$$

式中　θ——液流角，即流束轴线与阀芯轴线的夹角，是阀开口量、流量系数和棱边圆角的函数。

从式（2-90）可看出液体对阀芯的轴向力向左，即使阀口关闭。

对于图 2-49b 来说，假设阀芯对液体的轴向力向右为 F_{s2}，根据动量方程式（1-45），有

$$F_{j2} = 0 - \rho Q(-v\cos\theta) = \rho Q v \cos\theta \qquad (2\text{-}91)$$

则液体对阀芯的轴向力向左，也使阀口关闭。

综上所述，无论哪种情况，液动力的方向都是使阀口关闭。

值得说明的是，液流角 θ 一般取 69°。这是在流动为二维、无旋、液体不可压缩和阀口棱边无圆角的理想条件下通过理论分析并经实验证实的。

由孔口流量公式，通过圆柱滑阀的流量公式为

$$Q = C_q A(x) \sqrt{\frac{2}{\rho}(p_{up} - p_{down})} \qquad (2\text{-}92)$$

$$A(x) = \pi D_{spool} x \qquad (2\text{-}93)$$

式中　x——滑阀开口量；

D_{spool}——滑阀阀芯直径。

又由于液流最小断面流速与流速系数 C_v 有关，有

$$v = C_v \sqrt{\frac{2}{\rho}\Delta p} \qquad (2\text{-}94)$$

将式（2-92）~式（2-94）代入式（2-90），得

$$F_j = 2C_q C_v A(x)\Delta p\cos\theta = 2C_q C_v \pi D_{spool} x\Delta p\cos\theta \qquad (2\text{-}95)$$

这是一个计算滑阀稳态液动力沿用已久的公式。C_q 值可取 0.65，C_v 值近似于 1。

2.6.2　锥阀阀口通流面积及压力流量方程

设阀进口压力为 p_1，出口压力为 p_2，$\Delta p = p_1 - p_2$，油从阀的开口处流出的速度可由伯努利方程得

$$v = C_v \sqrt{\frac{2}{\rho}\Delta p} \qquad (2\text{-}96)$$

式中　C_v——速度系数。

常用的锥阀阀口如图 2-50 所示，阀口由锥阀阀芯和阀座两部分组成。锥阀座孔直径为 ds，锥阀阀芯半锥角为 α，液流可以是流出锥阀，也可以是流入锥阀。

锥阀阀口关闭时，阀芯紧压在阀座孔上，二者为线密封。阀芯离开阀座则阀口开启，若设阀芯向上位移为 x，则阀口的通流截面为母线等于 $x\sin\alpha$ 的截头圆锥的侧面积，截头圆锥的底面直径为阀座孔直径 ds，截头圆锥的顶面直径为（ds − $x\sin\alpha\cos\alpha$），则锥阀阀口的通流面积为

$$A_x = \pi x\sin\alpha(\,ds - x\sin\alpha\cos\alpha) \qquad (2\text{-}97)$$

在 Amesim 中，锥阀的通流面积即采用式（2-97）。一般由于 $x \cdot ds$，所以上式可近似写成

$$A_x = \pi x\,ds\sin\alpha \qquad (2\text{-}98)$$

因为锥阀口为薄壁小孔，因此流经阀口的压力流量方程为

$$q = C_d \pi x\,ds\sin\alpha \sqrt{\frac{2}{\rho}\Delta p} \qquad (2\text{-}99)$$

而在 Amesim 中，并没有采用简化的式（2-98）的形式，所以流经锥阀的压力流量方程为

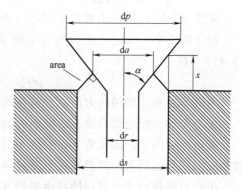

图 2-50　锥阀阀口

$$q = C_d \pi x\sin\alpha(\,ds - x\sin\alpha\cos\alpha)\sqrt{\frac{2}{\rho}\Delta p} \qquad (2\text{-}100)$$

2.6.3　锥阀的稳态液动力

对图 2-51 所示的上流式锥阀，可取图中阴影部分为控制容积。根据动量定理，图 2-51 所示上流式锥阀稳态液动力的轴向分量为

$$F_W = \rho Q [\,(-w_2)\cos\alpha - (-w_1)\,] \tag{2-101}$$

式中负号表明液流速度与假设正方向相反。上式中，w_1 比 w_2 小得多，故式（2-101）第二项可忽略，则

$$F_w = -\rho Q w_2 \cos\alpha \tag{2-102}$$

将式（2-99）、式（2-96）代入式（2-102），得

$$F_w = -\rho C_q x ds \pi \sin\alpha \sqrt{\frac{2}{\rho}\Delta p}\, C_v \sqrt{\frac{2}{\rho}\Delta p}\cos\alpha = -C_d C_v \pi x ds \Delta p \sin 2\alpha \tag{2-103}$$

式中负号表示上流式锥阀稳态液动力的轴向分量方向与流体流向相反，即方向向下。

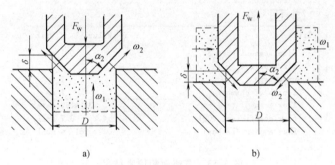

图 2-51　锥阀稳态液动力

a）上流式锥阀　b）下流式锥阀

同样，根据动量定理，可求得图 2-51 所示下流式锥阀稳态液动力的轴向分量，其表达式与式（2-102）、式（2-103）相同，因为此力仍与流体流向相反，所以它的方向向上。

2.6.4　圆柱滑阀液动力仿真

我们可以利用 Amesim 来验证 2.6.1 节的滑阀液动力理论公式。

创建如图 2-52 所示的圆柱滑阀仿真草图。

进入子模型模式，设置所有元件为主子模型。

进入参数模式，按表 2-7 设置参数，其中没有提到的元件参数保持默认值。

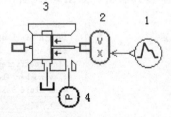

图 2-52　圆柱滑阀仿真草图

表 2-7　参数设置

编号	参 数	设置值	编号	参 数	设置值
1	number of stages	1	4	number of stages	1
	output at start of stage 1	0.001		pressure at start of stage 1	10
	pressure at end of stage 1	0.001		pressure at end of stage 1	10
3	jet force coefficient	1			

本例可以完全模拟滑阀阀口的液动力的情况。

运行仿真，得到仿真结果，下面对结果进行分析。

要计算滑阀的液动力，首先要计算节流孔口的面积，根据

$$A = \pi D_{\text{spool}} x \tag{2-104}$$

代入已知数据，$D_{\text{spool}} = 10\text{mm}$（该参数默认），$x = 1\text{mm}$（见表 2-7，注意表中数据单位为 m），则滑阀阀口的节流面积为

$$A = \pi 0.01 \times 0.001 \text{m}^2 = 31.42 \times 10^{-6}\text{m}^2 \tag{2-105}$$

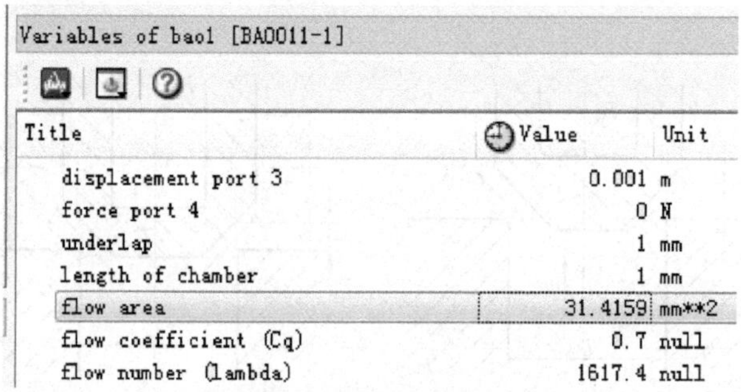

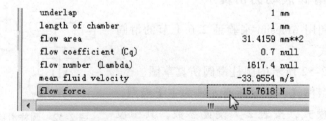

图 2-53　节流面积仿真结果

观察仿真输出，如图 2-53 所示，可见仿真结果和理论计算结果完全吻合。

另外，根据 $\theta = 69°$（该参数默认），$C_q = 0.7$（该参数默认），$\Delta p = 10\text{bar}$（见表 2-7），将上述数据代入式（1-95），可得

$$F_j = 2 \times 0.7 \times 1 \times 3.142 \times 10^{-5} \times 10 \times 10^5 \text{N} \times \cos 69° = 15.762\text{N} \tag{2-106}$$

观察仿真输出，如图 2-54 所示。可见仿真结果和理论计算结果完全一致，证明了

图 2-54　液动力

仿真结果的正确性。

2.6.5　锥阀的稳态液动力

我们可以利用 Amesim 来验证 2.6.3 节的锥阀液动力理论公式。

搭建如图 2-55 所示的仿真草图。

图 2-55 中元件 1、2 用来产生阀芯位移，元件 3 用来模拟锥阀，元件 4 用来模拟液流压力。

进入子模型模式，设置所有元件为主子模型。

进入参数模式，按表 2-8 设置参数，其中没有提到的元件参数保持默认值。

表 2-8　参数设置

编号	参　　数	设置值
	number of stages	1
1	output at start of stage 1	0.001
	pressure at end of stage 1	0.001
3	jet force coefficient	1
	number of stages	1
4	pressure at start of stage 1	10
	pressure at end of stage 1	10

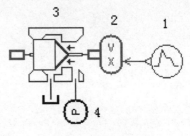

图 2-55　锥阀仿真草图

本例可以完全模拟滑阀阀口的液动力情况。

运行仿真，得到仿真结果，下面对结果进行分析。

锥阀阀口的通流面积用式（1-98）计算，其中 $x = 1\text{mm}$（见表 2-8），锥阀的锥角为 45°（元件 3 默认参数），锥阀阀座的直径为 $ds = 10\text{mm}$（元件 3 的默认参数），将上述已知条件代入式（2-97）计算，得

$$A_x = 21.1 \times 10^{-6}\text{m}^2 \tag{2-107}$$

如图 2-56 所示，锥阀通流面积仿真结果与计算结果式（2-107）一致。

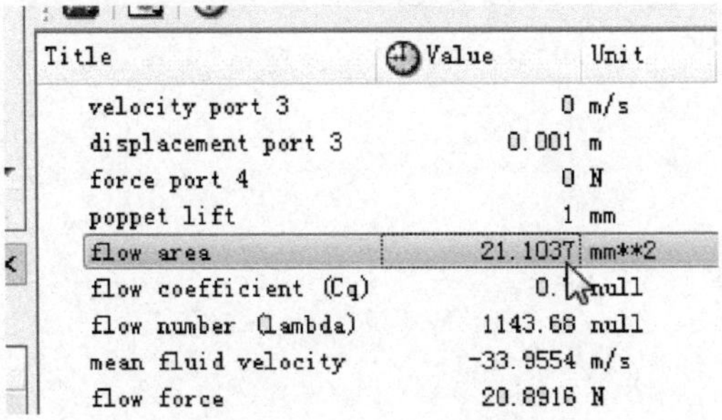

Title	⊕ Value	Unit
velocity port 3	0	m/s
displacement port 3	0.001	m
force port 4	0	N
poppet lift	1	mm
flow area	21.1037	mm**2
flow coefficient (Cq)	0.7	null
flow number (lambda)	1143.68	null
mean fluid velocity	-33.9554	m/s
flow force	20.8916	N

图 2-56　锥阀通流面积仿真结果

将上述已知结果代入式（2-96）、式（2-100）和式（2-102）中，可以得到

$$F_w = -20.892N \tag{2-108}$$

如图 2-57 所示，液动力的仿真结果与式（2-108）的计算结果完全一致。

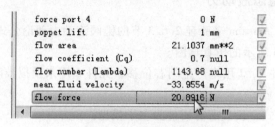

图 2-57　液动力仿真结果

第3章 液压泵的仿真方法

泵是液压系统中的压力源，在 Amesim 中，液压泵的仿真有多种方法。

最简单的方法是采用液压库中的流量源，如图 3-1 所示。

还可以用液压库中的定量泵仿真模型和机械库中的电动机模型来代替，如图 3-2 所示。

前面的两个实例是定量泵，Amesim 中也提供了变量泵模型。变量泵的仿真模型如图 3-3 所示。

除此以外，Amesim 液压库中还提供了恒压变量泵仿真模型，如图 3-4 所示。

图 3-1　Amesim 中　　图 3-2　定量泵电动机　　图 3-3　变量泵　　图 3-4　恒压变量泵
　的流量源　　　　　　　　仿真模型　　　　　　　仿真模型　　　　　　仿真模型

如果对液压泵的仿真模型的精度要求较高，就不能使用液压库中现成的模型来模拟液压泵，而应该使用液压元件设计库中的仿真模型搭建。

本章将分两节介绍 Amesim 中液压泵的仿真方法。一节介绍液压库液压泵建模方法，另一节介绍利用液压元件设计库进行柱塞泵建模的方法。

3.1　采用液压库的液压泵仿真方法

3.1.1　流量源的使用方法

流量源的图标模型如图 3-1 所示。该元件只对应一个子模型 QS00。该子模型称为"分段线性液压流量源"（piecewise linear hydraulic flow source）。流量源子模型如图 3-5 所示。

QS00 是液压流量输出固定循环子模型。用户可以通过指定起始值、终止值和持续时间为液压泵的流量变化设置 8 个阶段。

Amesim 通过线性插值的方法确定输出。可以指定阶段的数量、斜率的大小和步数。

用户也可以指定循环开始的延迟时间。当仿真进行的时间小于该值时，该子模型设置输出值为阶段 1 的起始值。

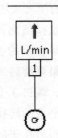

图 3-5　流量源子模型

如果所有 8 个阶段都完成了，该子模型的输出设置为第 8 个阶段的终止值。

通过设置循环模式（cyclic mode）可以设置在仿真中是否重复各个阶段。

当用户知道液压源的流量可以当成恒定值时，可以使用该子模型。

该子模型有两个整形参数："cyclic"（循环）和 "number of stages"（阶段的个数），这两个参数都是枚举参数。

注意：如果定义的阶段数少于 8 个，并且没有选择循环模式、定义的阶段时间小于仿真时间，对没有定义的阶段将进行线性插值。仿真过程中会产生警告但仿真不会停止。

3.1.2　定量泵模型的使用方法

定量泵仿真元件的子模型包括 PU001、HYDFPM01P、PUS01 和 PEG01。由于上述子模型使用方法类似，本节仅介绍子模型 PU001。

PU001 称为理想液压泵模型。该模型没有流量损失和机械损失，其流量仅由泵轴的转速、泵的排量和输入口（通常为端口 1）的压力来决定。定量泵子模型如图 3-6 所示。

如果在液压泵的入口有空气释放或气穴现象，泵的流量将会减少。

如果该泵反向旋转，那么通常液压泵出口的端口（端口 2）将变成入口。在这种情况下，端口 2 的压力将用来计算泵的输出流量。为了避免不连续，在压力之间添加平滑的转换。参数 "typical speed of pump"（泵的典型转速，wtyp）用于决定转换发生的转速范围。两个压力之间的转换发生在转速为正或负的 wtyp/1000 之间。

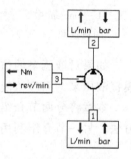

图 3-6　定量泵子模型

3.1.3　变量泵模型的使用方法

变量泵的子模型是 PU002。

PU002 是理想变量液压泵。该子模型不存在流量损失和机械损失，泵的流量仅由轴的转速、斜盘倾角比例系数（swash fraction）、泵的排量和吸入口（通常是端口 1）的压力来决定。

斜盘倾角比例系数的范围是 0 ~ 1。

如果在泵的吸入口有空气释放或气穴现象，流量将减少。

如果泵旋转方向反向，则通常情况下输出口（端口 3）将变为输入口。在这种情况下，端口 3 上的压力将用来计算泵的流量。为了避免不连续，压力之间的变化采用了平滑的转换。当速度超过参数 "typical speed of pump"（wtyp）值时转换发生。当压力在正的或负的 wtyp/1000 之间变化时转换将发生。

该子模型用来仿真变量泵，其斜盘倾角的变化比例为 0 ~ 1。

参数"typical speed of pump"不用非常精确，该参数仅用来给出泵旋转速度的粗略的概念。对于大多数的应用，默认值是可以接受的。仅在泵速极其快（>5000rev/min）或极其慢（<100rev/min）时修改该参数。

参数"index of hydraulic fluid"定义草图中的流体属性图标的索引。

3.1.4　恒压变量泵模型的使用方法

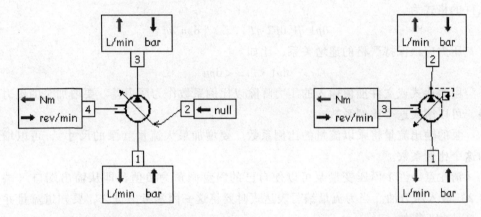

图 3-7　变量泵子模型图　　　　　　图 3-8　恒压变量泵子模型

恒压变量泵的子模型是 PP01。

PP01 是压力补偿泵的子模型。该子模型只简单模拟恒压泵，该泵的流量取决于通过泵的压差和轴的转速。

该泵的流量压力特性可以用表达式或在指定泵轴转速下压力降流量数据文件来描述。表达式或数据文件应该是与两个参数的乘积，这两个参数应该是泵的排量和设定压力，这样就很容易改变泵的排量或设定压力。泵的排量是通过流量除以泵轴的转速而得到的。因此其排量是考虑容积效率的有效排量。

泵的动态特性是用排量的一阶惯性系统来模拟的。泵的流量通过泵的排量乘以泵的转速计算得到。

泵的转矩从泵的排量和泵的压力降计算得到。

如果在泵的入口有空气释放或气穴现象，泵的流量将会减少。

该子模型仅是对真正的压力补偿泵的主要特性简单模拟。如果需要对泵的特点进行详细模拟，可以用变量泵模型（PU003）加上液压元件设计库的压力补偿部分结合来模拟。

容积效率仅用用户提供的表达式或以压力为函数的流量曲线来模拟。因此容积效率与排量结合在一起。

超过操作范围的机械效率为定值，对于一个实际的液压泵来说这根本不可能。但是，如果想要获得更实际的模型，其数据很难获得或根本不可能得到。

在一些回路中，泵的模型有可能造成隐含代数环。这种问题 Amesim 能够解决。如果该问题困扰了用户，可以使用另一个子模型 PP02，该子模型将输出流量当作一个状态变量。使用该子模型，可以使用通过泵的压力差的函数所指定的表达式或包含压力降和流量数据对的文本文件。

表达式可以包含所有可以使用的符号。

文本文件应该包含在泵的名义轴转速所定义的轴速下的压力降——流量数据。文件的格式为

$$\mathrm{d}p1\ q1\ \mathrm{d}p2\ q2 \ldots \ldots \mathrm{d}pn\ qn$$

压力应该保持严格的递增关系，比如

$$\mathrm{d}p1 < \ldots < \mathrm{d}pn$$

由表达式或文件插值输入的压力降除以比例系数作为压力差。要增加泵的压力差，可以增大这个比例系数。

泵的输出流量将乘以流量的比例系数。要增加最大流量（泵的尺寸），可以增加这个比例系数。

请注意，许多恒压变量泵可以使自己的斜盘倾角为负值，即从输出端口（端口 2）吸入压力油。当为流量编写表达式时要将这一因素考虑进去，要知道流量并不总是大于零的。

参数"index of hydraulic fluid"与草图中的流体属性图标的索引相联系。

3.2　液压泵液压元件设计库仿真基础知识

泵的仿真是 Amesim 液压系仿真中较难掌握的部分，尤其是齿轮泵和叶片泵的仿真，由于本书所定位的读者是用 Amesim 进行液压仿真的初、中级用户，因此，本书只介绍泵仿真中相对简单的柱塞泵的仿真，关于其他类型液压泵的仿真方法，请读者参考相关文献。

3.2.1　常见泵的机械结构及工作原理

其实无论针对现实生活中的什么对象建立模型，都离不开对其工作原理的深入了解，用 Amesim 仿真液压泵也类似。因此本章先简单介绍一下液压泵的工作原理，原理将主要以柱塞式液压泵为例。

简单说，柱塞泵是利用柱塞在缸体内往复运动，使密封容积产生变化实现吸油和压油的。只要改变柱塞的工作行程，就能改变泵的排量。

柱塞泵按柱塞排列方向不同，可分为径向柱塞泵和轴向柱塞泵。本节主要介绍轴向柱塞泵。

轴向柱塞泵的柱塞都沿缸体轴向布置，并均匀分布在缸体的圆周上。

斜盘式轴向柱塞泵的工作原理如图 3-9 所示。它主要由斜盘 1、缸体 2、柱塞

3、配流盘 4 等组成。泵传动轴中心线与缸体中心线重合，斜盘与缸体间有一倾角 γ，配流盘上有两个窗口。缸体由轴 5 带动旋转，斜盘和配流盘固定不动，在弹簧 6 的作用下，柱塞头部始终紧贴斜盘。当缸体按图示方向旋转时，由于斜盘和弹簧的共同作用，使柱塞产生往复运动，各柱塞与缸体间的密封腔容积便发生增大或缩小的变化，通过配流盘上的吸油和压油窗口实现吸油和压油。缸体每转一周，每个柱塞各完成吸、压油一次。

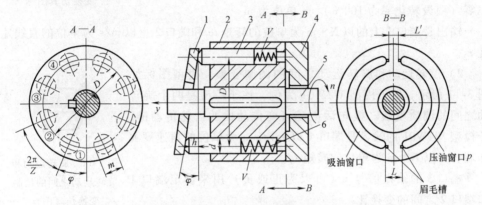

图 3-9 斜盘式轴向柱塞泵的工作原理
1—斜盘 2—缸体 3—柱塞 4—配流盘 5—轴 6—弹簧

由于配流盘上吸、压油窗口之间的过渡区长度 L 必须大于缸体上柱塞根部的吸、压油腰形孔的长度 m，即 $L > m$，故当柱塞根部密封腔转至过渡区时会产生困油，为减少所引起的振动和噪声，可在配流盘的端面上开眉毛槽，如图 3-9 中 B—B 视图所示。

可以看出，柱塞泵是依靠柱塞在缸体内作往复运动，使密封容积产生周期性变化而实现吸油和压油的。其中柱塞与缸体内孔均为圆柱面，易达到高精度的配合，故该泵的泄漏少，容积效率高。

3.2.2 Amesim 中构建泵模型常用库元件

液压泵的仿真建模中，经常要用到机械库、信号库中的元件，本节先将这些机械库、信号库中的元件简单介绍一下。

1. 泵仿真中常用的机械库元件

1）旋转运动和直线运动之间的调制变换。图标如图 3-10 所示。WTX01 将端口 1 旋转轴的旋转运动转化为端口 2 的直线移动。子模型 WTX01 输入是端口 1 以 rev/min 为单位的速度 w 和端口 2 以 N 为单位的力 f。端口 3 上的输入信号 x 设定端口 1 和 2 之间的变化比例。公式为

$$v_2 = x \cdot w \cdot c_1$$
$$tq = x \cdot f$$

$$(3-1)$$

式中　w——端口 1 输入的以 rev/min 为单位的速度值；

　　　c_1——保存 rev/min 到 rad/s 的转化比例，$c_1 = 2\pi/60$；

　　　x——输入信号；

　　　f——端口 2 上的输入力；

　　　tq——端口 1 上的输出转矩。

图 3-10　旋转运动和
直线运动之间的调质
变换仿真图标

式（3-1）意味着，假如 x 非零，在每个端口上的输出也非零（假设转化率为 100%），x 单位为 m。

输出是端口 1 上的以 N·m 为单位的转矩 tq 和端口 2 上以 m/s 为单位的直线速度 v_2。

2）旋转运动和旋转运动之间的调制变换。模型图标如图 3-11 所示。以子模型 WTW01 为例，该子模型是两个旋转轴之间的调质变换。换句话说是可变传动比的齿轮传动链。子模型 WTW01 的输入是端口 1 以 rev/min 为单位的角速度 w 和端口 2 以 N·m 为单位的转矩 tq。

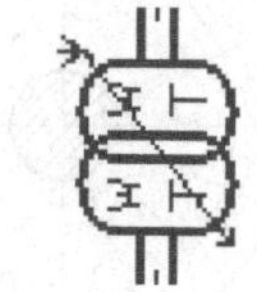

图 3-11　旋转运动和
旋转运动之间的调制
变换仿真图标

端口 3 的输入信号 x（可以为正或负）用来设定端口 1 和端口 2 之间的变换比。

$$w_2 = x \cdot w_1$$
$$tq = x \cdot tq_2$$
　　　　　　　　　　　　　　　　　　　　　　（3-2）

输出是端口 1 上的转矩 tq 和端口 2 上的角速度 w_2。

3）角位移传感器。图 3-12 是角位移传感器仿真图标，子模型是 MECADS0B。在图标下方的箭头定义了角位移的正方向。草图中的所有箭头（传感器和旋转负载的箭头）应该指向相同的方向。就是说，端口 2 上的输出不应该与连接了负载的那一端有关。

图 3-12　角位移
传感器仿真图标

箭头的方向可以通过翻转草图中的图标来实现，或者在参数模式下添加负号。

端口 1 上的输入是以 rev/min 为单位的速度，该值将不经过任何修改而在端口 3 输出。端口 3 是以 N·m 为单位的转矩，该变量不经过任何修改而在端口 1 输出。

以度数为单位的角位移是内部状态变量。它是通过角速度积分计算得到的。

4）线性轴节点。模型图标如图 3-13 所示，以 LCON11 子模型为例，该子模型是"线性轴节点"。它使两个线性轴（次级轴端口 1 和端口 2）与另一个轴（端口 3 的主轴）连接。

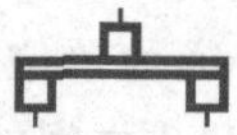

端口 1 上的次级轴接收以 m/s 为单位的速度信号和转换自端口 2 的以 m 为单位的位移信号，并传向端口 3。端口 2 和 3 的轴接收以 N 为单位的输入力。端口 1 上的输出力是由其他两个输入力组成的。

图 3-13　线性轴
节点仿真图标

5）旋转轴节点。如图 3-14 所示，以子模型 RCON00A
为例，该子模型是"旋转轴节点"。它使两个旋转轴（端口
1 和 2 的次级轴）与另一个轴（端口 3 的主轴）相连。

图 3-14　旋转轴节点
仿真模型图标

端口 3 的主轴接收以 rev/min 为单位的旋转速度和以度
为单位的角度信号，该角度信号是从端口 1 和端口 2 的次级
轴转化而来的。端口 1 和 2 的轴接收以 N·m 为单位的转矩输入。端口 3 的输出转
矩是用端口 1 和端口 2 上的转矩之和计算出的。

6）固定长度机械臂。仿真模型图标如图 3-15 所示。VRL000A 是一个机械臂，
代表了一个 1 维旋转机械端口和 1 维直线机械端口之间的调质变换。它将旋转运动
转换成直线运动。

直线运动沿着固定方向，当机械臂的角度为 0°时，该方向始终与机械臂的方
向垂直。

可变机械臂的图标如图 3-16 所示。变换比例是由机械臂的长度定义的，随端
口 2 的输入信号改变而改变。

两个图标与 VRL000A 相联系：在 Amesim 的机械库中提供一个通用的图标。而在
模型草图中，一旦 VRL000A 被赋予子模型，图标就转换为更加能够代表模型的形式。

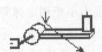

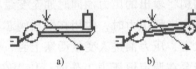

a)　　　　　　　b)

图 3-15　固定长度机械臂
仿真模型图标

图 3-16　可变机械臂的图标
a）库中的图标　b）草图模型中的图标

2. 泵仿真中常用的信号库元件

1）在最小值和最大值之间按"modulo"函数定义的方法计算输出。模型图标
如图 3-17 所示，该仿真模型只含有一个子模型 MOD00，该子模型使用"modulo"
函数将从输入信号得到的最小值和最大值之间的信号计算一个输出。通常情况下对
输入信号添加一个偏移。

该子模型可以用来限定信号值在两个输入值的范围之
内。典型的应用是限制角度值为 [0，360]。

2）由 ASCII 作为输入定义的函数。模型图标如图 3-18
所示，只包含一个子模型 SIGFXA01，该子模型读取 1D 或
XY 表格中的数据并且进行插值计算。插值可以为线性的或
3 次样条的。

图 3-17　modulo 模型
仿真图标

输出的数量是由用户定义的：在多输出的情况下，每个输出信号 $u_i(x)$ 对应
XY 表格中的一列。注意：输出的数量可以与 XY 文件中列的数量不一致。

3）饱和。图标如图 3-19 所示，子模型是 SAT0。用户必须设置最小值和最大
值，则输出信号被限制在最小值和最大值之间。

图 3-18　ASCII 作为定义得分输入函数模型图标　　　　图 3-19　饱和子模型图标

3.3　柱塞泵的仿真

本节以轴向柱塞泵为例介绍柱塞泵的仿真。

1. 变量柱塞泵工作原理

恒压变量柱塞泵结构如图 3-20 所示，泵的主体部分由传动轴带动缸体旋转，使均匀分布在缸体上的柱塞绕传动轴中心线转动，通过中心弹簧将柱滑组件中的滑靴压在变量头（或斜盘）上。这样，柱塞随着缸体的旋转而作往复运动，完成吸油和压油动作。这种变量型的泵，输出压力小于调定恒压力时，全排量输出压力油，即定量输出，在输出油液的压力达到调定压力时，就自动地调节泵流量，以保证恒压力，满足系统的要求。泵的输出恒压值，根据需要，在调压范围内可以无级调定，该结构将输出的压力油同时通至变量活塞下腔和恒压阀的控制油入口，当输出压力小于调定恒压力时，作用在恒压阀芯上的油压推力小于调定弹簧力，恒压阀处于开启状态，压力油进入变量活塞上腔，变量活塞压在最低位置，泵全排量输出压力油；当泵在调定恒压力工作时，作用在恒压阀芯上的油压推力等于调定弹簧力，恒压阀的进/排油口同时处于开启状态，使变量活塞上/下腔的油压推力相等，变量活塞平衡在某一位置工作，若液压阻尼（负载）加大，油压瞬时升高，恒压阀排油口开大，进油口关小，变量活塞上腔比下腔压力低，变量活塞向上移动，泵的流量减小，直至压力下降到调定恒压力，这时变量活塞在新的平衡位置工作。反

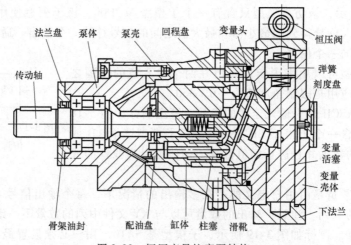

图 3-20　恒压变量柱塞泵结构

之，若液压阻尼（负载）减小，油压瞬时下降，恒压阀进油口开大，排油口关小，变量活塞上腔比下腔油压高，变量活塞向下移动，泵的流量增大，直至压力上升至调定恒压力。其变量特性和液压原理如图 3-21 所示。

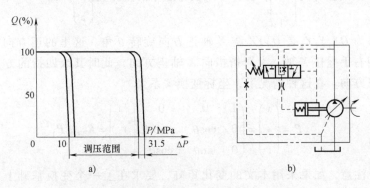

图 3-21　恒压变量柱塞泵变量特性和液压原理
a) 变量特性原理　b) 液压原理符号

2. 机械公式

图 3-22 所示为一个柱塞和斜盘之间的工作关系原理。这个简化的系统有两个自由度，一个是泵绕 X_0 轴的旋转运动，另一个是斜盘绕 Z_0 轴的旋转运动。

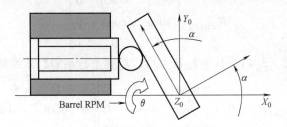

图 3-22　柱塞和斜盘

图 3-23 显示了分配给这两个自由度的坐标系统。点 P1 代表了柱塞 1 在坐标系统 "2" 中的位置。该点是我们进行下面计算的参考点。

其他柱塞的位置或柱塞和斜盘之间的接触点的位置都和用这个点计算的公式相同。

柱塞 1 和斜盘之间的接触点是在坐标系统 x_2，y_2，z_2 中定义的。点 P_1 在坐标系 x_0，y_0，z_0 中的表达式见式 (3-5) 所述。

在继续下面的推导前，有必要复习一下坐标变换的基本理论知识。

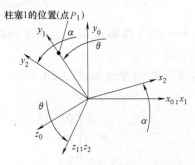

图 3-23　对应两自由度的坐标系统

　　设有两坐标系统，一系统为 $OXYZ$，另一系统为 $OX_1Y_1Z_1$。某一点 P 在 $OX_1Y_1Z_1$ 坐标系中的坐标为 $\begin{pmatrix} x_1 \\ y_1 \\ z_1 \end{pmatrix}$，在 $OXYZ$ 坐标系中的坐标为 $\begin{pmatrix} x \\ y \\ z \end{pmatrix}$，而 $OX'Y'Z'$ 和 $OXYZ$ 之间的关系为 $OX_1Y_1Z_1$ 是 $OXYZ$ 绕 X 轴正方向旋转 θ 角。这里的正方向遵从右手定则。即用右手握住 X 轴，大拇指指向 X 轴正方向，此时其余四指的方向为绕 X 轴旋转的正方向。在这种情况下，坐标变换关系为

$$P = \begin{pmatrix} x \\ y \\ z \end{pmatrix} = \begin{pmatrix} 1 & 0 & 0 \\ 0 & \cos\theta & -\sin\theta \\ 0 & \sin\theta & \cos\theta \end{pmatrix} \begin{pmatrix} x_1 \\ y_1 \\ z_1 \end{pmatrix} = \boldsymbol{R}_{X(\theta)} \boldsymbol{P}_1 \tag{3-3}$$

上式中要注意，如果采用本文的变化矩阵，要求在上一个变换基础上左乘变换矩阵，因为连续坐标变换的顺序很重要，读者可以自行试验，先绕 X 轴、再绕 Z 轴旋转和先绕 Z 轴旋转、再绕 X 轴旋转的结果是不同的。所以每一次的变换，都有在上一次变换的基础上左乘变换矩阵。

　　而如果 $OX_2Y_2Z_2$ 和 $OX_1Y_1Z_1$ 之间的关系为 $OX_2Y_2Z_2$ 是 $OX_1Y_1Z_1$ 绕 Z 轴正方向旋转 α 角，正方向的定义同上，在这种情况下，坐标变换矩阵为

$$\boldsymbol{R}_{Z(\alpha)} = \begin{bmatrix} \cos\alpha & -\sin\alpha & 0 \\ \sin\alpha & \cos\alpha & 0 \\ 0 & 0 & 1 \end{bmatrix} \tag{3-4}$$

根据式（3-3）、式（3-4），从坐标系 $OX_2Y_2Z_2$ 到坐标系 $OXYZ$ 的坐标变换矩阵为

$$\begin{bmatrix} x \\ y \\ z \end{bmatrix} = \boldsymbol{R}_{Z(\alpha)} \boldsymbol{R}_{X(\theta)} \boldsymbol{P}_2 = \begin{bmatrix} \cos\alpha & -\sin\alpha & 0 \\ \sin\alpha & \cos\alpha & 0 \\ 0 & 0 & 1 \end{bmatrix} \begin{bmatrix} 1 & 0 & 0 \\ 0 & \cos\theta & -\sin\theta \\ 0 & \sin\theta & \cos\theta \end{bmatrix} \begin{bmatrix} x_2 \\ y_2 \\ z_2 \end{bmatrix}$$

$$\tag{3-5}$$

$$= \begin{bmatrix} \cos\alpha & -\sin\alpha\cos\theta & \sin\alpha\sin\theta \\ \sin\alpha & \cos\alpha\cos\theta & -\cos\alpha\sin\theta \\ 0 & \sin\theta & \cos\theta \end{bmatrix} \begin{bmatrix} x_2 \\ y_2 \\ z_2 \end{bmatrix}$$

注意，每一次变换都是在上一次变换的基础上左乘变换矩阵。

　　柱塞分布的坐标如图 3-24 所示。柱塞的坐标为

$$\boldsymbol{P}_2 = \begin{bmatrix} 0 \\ R \\ 0 \end{bmatrix} \tag{3-6}$$

则柱塞中心在任意旋转角度下的横坐标计算公

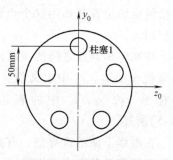

图 3-24　柱塞分布图

式为

$$X_{\text{piston}} = [\begin{array}{ccc} \cos\alpha & -\sin\alpha\cos\theta & \sin\alpha\sin\theta \end{array}] \begin{bmatrix} 0 \\ R \\ 0 \end{bmatrix} = -R\sin\alpha\cos\theta \qquad (3\text{-}7)$$

柱塞在 X 轴方向的速度变化为式（3-7）的导数，表达式为

$$\dot{X}_{\text{piston}} = -R\dot{\alpha}\cos\alpha\cos\theta + R\dot{\theta}\sin\alpha\sin\theta$$

$$= R[\begin{array}{cc} -\cos\alpha\cos\theta & \sin\alpha\sin\theta \end{array}] \begin{bmatrix} \dot{\alpha} \\ \dot{\theta} \end{bmatrix} \qquad (3\text{-}8)$$

式（3-8）的作用是推导旋转运动到直线运动的变换关系。在 Amesim 中，将旋转运动变换为直线运动的模型是 ⬚。其使用方法在 3.2.2 节中已经进行了介绍，读者可以参考该节的叙述，理解其使用方法。

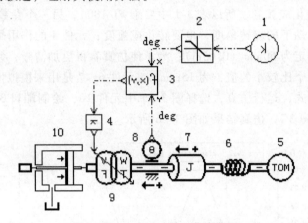

图 3-25　柱塞运动单元仿真草图

　　根据前文所述原理，最简单的柱塞运动仿真草图如图 3-25 所示。柱塞的运动规律（式（3-7））主要是由图 3-25 中模型 1、2、3、4 和 8 来实现的。元件 6、7 模拟柱塞运动的惯性负载，5 是电动机，9 是旋转运动到线性运动的转换，它将电动机的旋转运动转换成柱塞的往复运动。

　　图 3-25 中各元件的参数设置见表 3-1。表中没有提到的元件参数保持默认值。

表 3-1　元件参数设置

元件编号	参　　数	值
1	constant value	45
2	minimum permitted value	0
	maximum permitted value	60

（续）

元件编号	参　　数	值
3	expression for output in terms of x and y	$-\sin(\text{PI}*x/180)*\cos(\text{PI}*y/180)$
4	value of gain	0.05
5	shaft speed	15
6	spring stiffness	1000
7	moment of inertia	0.1

请读者仔细阅读表 3-1 中的内容，从中可以发现，元件 1 的作用是用来设定斜盘的倾角，在本例仿真中，将其设定为 45°；元件 2 的作用是限定斜盘倾角的倾斜范围，本例设定最小倾角为 0°，最大倾角为 60°；元件 3 很关键，它是一个数学表达式 "$-\sin$（PI $*$ x/180）$*$ cos（PI $*$ y/180）"，该表达式描述的数学公式即式（3-7）中去掉 "R" 的部分。该表达式有两个参数，一个参数是 "x"，代表斜盘倾角（注意要转化成弧度，所以表 3-1 中要乘 PI/180），另一个参数为 "y"，代表斜盘在电动机带动下的旋转角度，也要转化成弧度；元件 4 的作用是设定斜盘的回转半径，本例设定为 50mm（0.05m）；为了使仿真看得更加清晰，元件 5 即电动机的转速设定了一个比较小的值，为 15r/min；元件 6、7 是用来模拟惯性负载的。

进入仿真模式，运行仿真，选择图 3-25 中元件 10，绘制端口 3 上的位移，即 "displacement port 3"，仿真结果如图 3-26 所示。

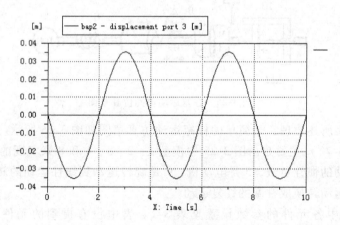

图 3-26　柱塞位移仿真图形

从仿真结果可以看出，柱塞运动最大位移为 0.035m，符合几何计算结果，如图 3-27 所示。

3. 吸油和排油节流孔

每个柱塞孔是吸油还是排油，是由斜盘和柱塞之间的作用关系决定的。柱塞泵是在传动轴驱动缸体旋转后，由于斜盘的作用，使得柱塞产生往复运动，当柱塞底

部的密闭容积不断增大时，就将形成局部真空，低压
油在大气压的作用下，经过配油盘腰形孔进入柱塞的
底部，完成吸油；当柱塞底部的密闭容积不断减小时，
油液受压形成高压油经配油盘的另一腰形孔排出，完
成压油。当斜盘倾角发生变化时，泵的输出流量也就
随之改变。在 AMESIM 建立的柱塞泵液压模型中，单
个柱塞与缸体建立一个可变容腔，其进/出油口分别与
配油盘的高/低压腔相连，柱塞与缸体之间的间隙有油
泄漏并通往油箱。

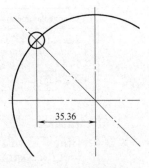

图 3-27 柱塞运动最大位移

　　要模拟节流孔的作用，需要研究柱塞孔在不同位
置处和配流盘上腰形孔之间的相对位置关系，该相对位置关系决定了节流孔的大
小。其原理如图 3-28 所示。

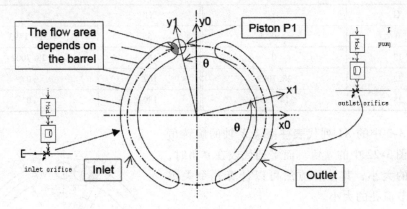

图 3-28 柱塞孔和配流盘上腰形孔之间的相对位置关系

　　从图 3-28 可以看出，随着柱塞孔的旋转，柱塞孔和腰形孔之间的节流面积是
变化的，并且呈非线性关系，这个变化关系适合用模型 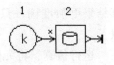（1 维表格插值）来模
拟，其基本原理是确定几个关键点的节流面积值，而其余点的节流面积值靠插值的
方法来确定。

　　为了掌握 1 维表格插值的使用方法，我们可以搭建一个
最简单模型来研究其使用方法。首先进入草图模式，采用适
当的元件搭建仿真回路，如图 3-29 所示。

　　进入参数模式，设置元件 1 的参数为 20，即仿真柱塞旋
转角度为 20°。双击元件 2，弹出修改参数对话框，如图 3-30
所示。

图 3-29 仿真回路

　　单击图 3-30 中的 "Value" 列下的 "AMETable"，弹出 "Table Editor" 对话
框，编辑左侧的表格（通过右键 "Add" 菜单），见表 3-2。

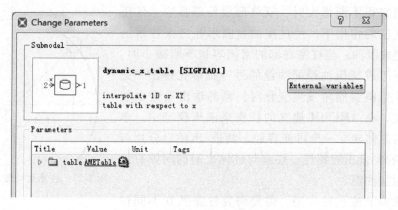

图 3-30　修改元件 2 参数对话框

表 3-2　表格中的参数设置

X1	Y	X1	Y
0	0	155	314.1593
13	0	161	28.7002
22	28.7002	167	0
28	314.1593	180	0

表 3-2 中的 X1 列代表柱塞绕 X 轴的旋转角度，即图 3-22 中的 θ 角。而 Y 列代表在 θ 角时，节流孔的大小，其计算方法可以计算几个关键点位置节流孔的大小。

表 3-2 中的参数计算依据如图 3-31 所示。参数设置结果如图 3-32 所示。

如表 3-2 中第 4 行，在柱塞旋转角度为 22° 时，阴影面积为 28.7002mm²，即为对应的节流面积。

从上面的分析，读者不难看出，要想让计算结果更加准确，只需多计算几个关键点就可以了。

运行仿真，得元件 2 的输出为 22.3224，即为柱塞旋转 20° 时，节流孔的面积大小，如图 3-33 所示。

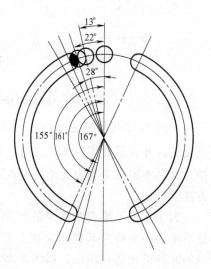

图 3-31　柱塞和腰形孔
之间的位置关系

在柱塞泵的实际建模过程中，节流口是区分成进油节流和回油节流的，两种之间相差 180°。另外，由于通过节流阀的开口量来模拟进、回油节流窗口的大小，应该将输入节流阀的信号转化成开口量的百分比。节流窗口仿真原理如图 3-34 所示。

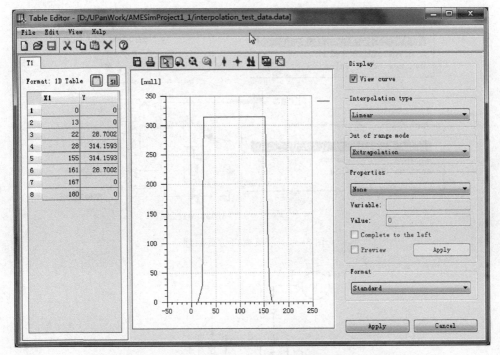

图 3-32　"Table Editor"参数设置结果

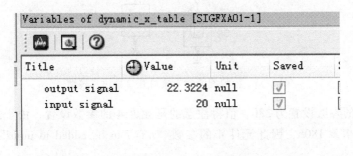

图 3-33　节流口大小仿真结果

　　模拟配流盘节流口开口量的仿真模型如图 3-35 所示。

　　其中元件 1 模拟斜盘的旋转角度，元件 2、3 模拟进油节流口；元件 4、6 模拟排油节流口的开口量。由于节流阀的开口量是以百分比表示的，因而应该对元件 3、5 的数据表格做表 3-3 所示修改。

表 3-3　百分比参数设置表格

X1	Y	X1	Y
0	0	155	1
13	0	161	0.3654
22	0.3654	167	0
28	1	180	0

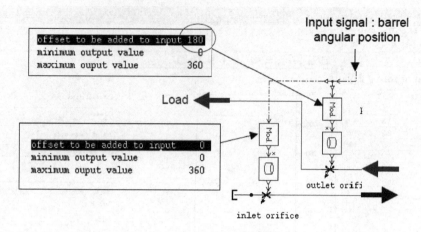

图 3-34　节流窗口仿真原理

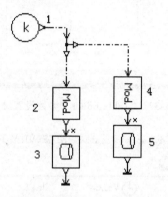

图 3-35　模拟配流盘节流口开口量仿真模型

元件 1 的参数设置为 380。值得注意的是元件 4 的参数设置，由于进、回油节流口的位置相差 180°，因此元件 4 的参数 "offset to be added to input" 应该设置为 180。

参数设置完成后，运行仿真，单击元件 3、5，查看输出信号变量，得到如图 3-36 仿真结果。

从仿真结果可以看出，在斜盘转角为 380° 时，元件 3 的输出为 0.2842（该值为插值结果），元件 5 的输出为 0（因为两节流口相差 180°）。

4. 柱塞的模拟

液压泵的柱塞是由活塞元件和液压腔体来模拟的。该活塞可以被看成机械和液压之间的转换元件。活塞腔的容量取决于活塞的位置和流体的弹性模量（弹性模量同时是压力的函数）。详细的仿真模型还可以考虑柱塞的泄漏。柱塞的仿真模型如图 3-37 所示。

柱塞的局部仿真草图如图 3-38 所示。其中元件 1、2 用来模拟控制柱塞的运动

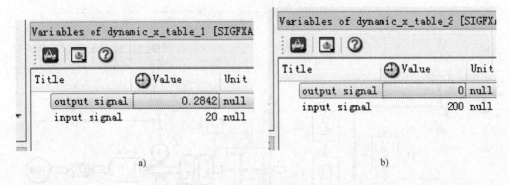

图 3-36 节流口开口量仿真结果

a) 元件 3 仿真结果输出　　b) 元件 5 仿真结果输出

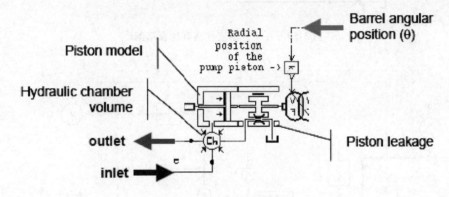

图 3-37 柱塞的仿真模型

速度的元件, 元件 3 用来模拟柱塞, 元件 4 用来模拟柱塞的容积。

5. 一个自由度柱塞泵模型

一个自由度的柱塞泵模型仅考虑了旋转运动的惯性负载, 斜盘的角位移作为数字信号的输入, 在本仿真例中没有考虑动态性能。本仿真的目的是将复杂的柱塞泵仿真模型拆分成若干元件组, 对每一部分元件组分别进行单独仿真调试, 一旦每一部分仿真成功以后, 就可以将它们组合起来, 从而完成整个仿真过程。建立如图 3-39 所示仿真草图。

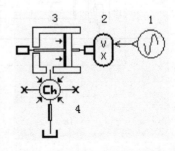

图 3-38 柱塞局部仿真草图

将仿真模型做图 3-40 所示修改, 选中用粗虚线框框住的元件, 单击鼠标右键, 选中 "Create supercomponent"。

完成操作后仿真模型如图 3-41 所示。

从图 3-40、图 3-41 可以看出, 我们的仿真思路是将尽可能多的元件封装在单

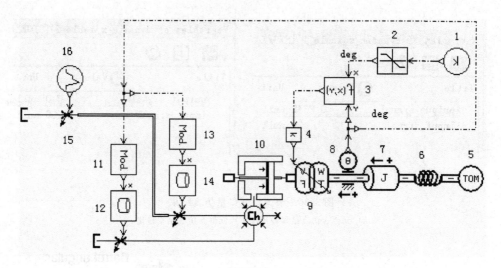

图 3-39　一个自由度柱塞泵仿真草图

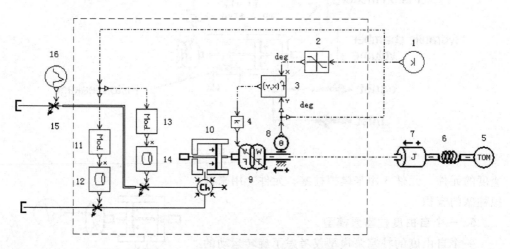

图 3-40　超级元件定义

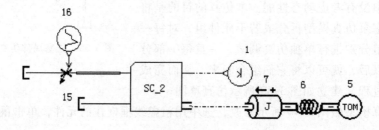

图 3-41　单柱塞超级元件仿真模型

个柱塞超级元件图标中，而留出恰当的接口，用来将柱塞同电动机、斜盘倾角设定装置、泵的吸油口和排油口相连，为了更形象地表示柱塞的图标，我们可以编辑柱塞的图标文件，修改方法如下所述。

右键单击图标，选择"Open supercomponent"，如图 3-42 所示。

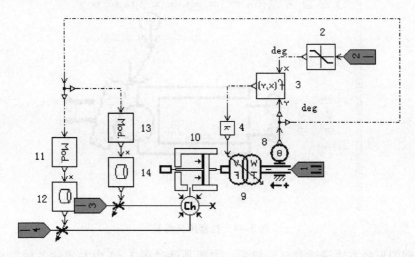

图 3-42　超级元件窗口

然后进入子模型模式，此时会弹出"Supercomponent edition"对话框，如果该对话框没有打开，可以单击菜单"View"→"Show/Hide"→"Supercomponent edition"，在弹出的"Supercomponent Edition"对话框中，选"Component Icon"选项卡，单击"Open in designer"按钮，如图 3-43 所示。

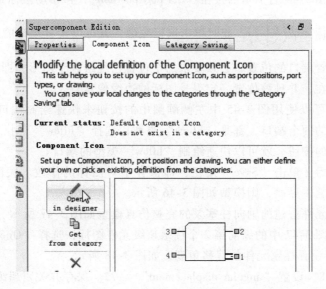

图 3-43　柱塞超级元件图标设置

在弹出的"Icon Designer"窗口中，用橡皮图标擦除原有图形，绘制图 3-44 所示的图标。

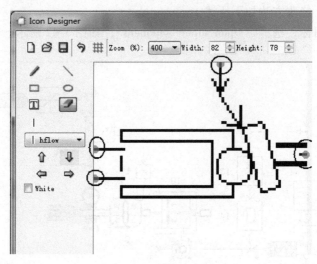

图 3-44　柱塞图标编辑

绘制图形的方法请读者自行摸索，主要是通过图 3-44 中左侧的各种工具按钮来实现的。值得说明的是图 3-44 中画圈的接口的定义。这些接口是保证超级元件图标和外界元件成功连接的保障。

首先说如何移动这些接口元件，在图 3-44 右下角列出了这些接口的列表，如图 3-45 所示。单击其中一项，会发现图 3-44 中间图标部分对应的接口转变为红色，这时点击图 3-44 右下角的按钮"Set port position"，再移动鼠标到图标图形上，可发现鼠标图标变成 ⊕，此时单击鼠标左键，就可以设置端口的位置了。值得注意的是，设置端口的位置，必须要求那个位置已经绘制了图形，即仿真点的像素必须有图线存在，并且该位置一定得是图标的边缘像素点。

另外，还可以使用图 3-45 中左侧画圈中的按钮来快速绘制端口元件的图形。如图标中左侧的两个端口，都是"hflow"类型，选择"hflow"下拉列表框后，再选择下拉框上的按钮，就可以快速绘制"hflow"类型的端口。

修改完成后，单击"Save"按钮，即保存了对图标的修改。关闭超级元件窗口，回到模型编辑界面，则模型如图 3-46 所示。

采用超级元件搭建的轴向柱塞泵的完整仿真模型如图 3-47 所示。

右键单击图 3-47 中的纵向第 2 个柱塞超级元件图标，选择"Open Supercomponent"。我们要设置柱塞元件的偏移角度，如图 3-48 所示。

选择元件 8，设置"angular displacement"为 72。保存并关闭超级元件窗口。

再选择图 3-47 中纵向第 3 个柱塞超级元件图标，选择"Open Supercompo-

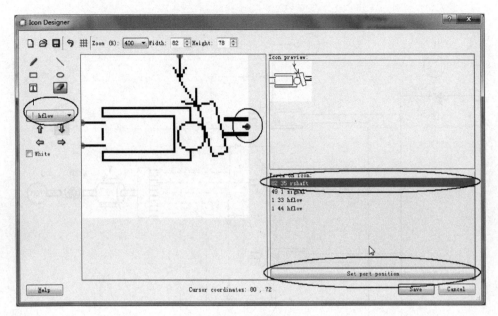

图 3-45 接口定义

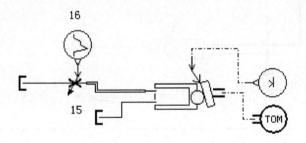

图 3-46 柱塞超级元件的整体仿真模型

nent"，同样选择元件 8，设置"angular displacement"为 144。保存并关闭超级元件窗口。

再重复上面的动作，设置第 4、5 个柱塞超级元件图标，将其中的元件 8 的"angular displacement"分别设置为 216、288。

从上面的操作可以看出，我们通过设置元件 8 不同的偏移角度，从而设置了柱塞的空间位置，完成了整周柱塞起始位置的设置，为仿真创造条件。

设置图 3-47 中元件 5（电动机）的旋转速度为 650r/min。运行仿真，选择元件 15，绘制端口 2 的流量，如图 3-49 所示。

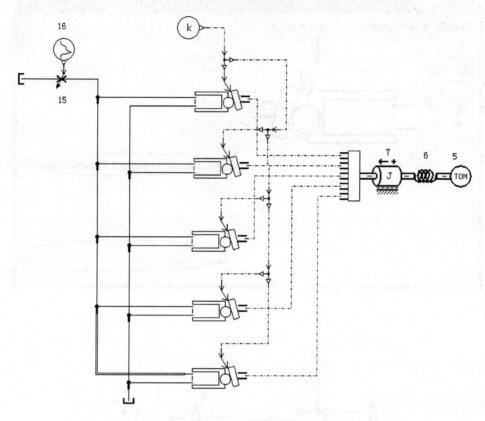

图 3-47　柱塞泵完整仿真模型

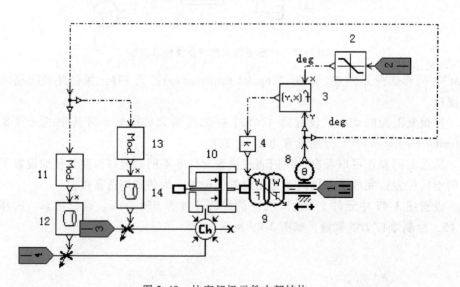

图 3-48　柱塞超级元件内部结构

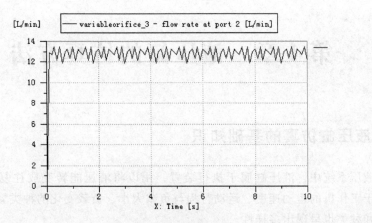

图 3-49　液压泵的流量

第 4 章　液压缸的仿真方法

4.1　液压缸仿真的基础知识

在液压系统中，液压缸属于执行装置，用以将液压能转变成往复运动的机械能。由于工作机的运动速度、运动行程与负载大小、负载变化的种类繁多，液压缸的规格和种类也呈现出多样性。

按液压缸的结构形式可分为活塞缸和柱塞缸；按照液压油的作用方式可分为双作用缸和单作用缸；按照缸的固定方式可分为缸固定和杆固定；对于活塞式缸按照活塞杆在端盖伸出情况可分为双出杆缸和单出杆缸。

4.2　液压库中的液压缸模型

Amesim 液压库中的液压缸模型见表 4-1。

表 4-1　Amesim 液压库中的液压缸模型

图　标	名　称	子模型
	带质量负载的双作用单活塞杆液压缸	HJ000
		HJ010
	带质量负载的双作用双活塞杆液压缸	HJ001
		HJ011
	带质量负载的双作用单活塞杆带弹簧回程的液压缸	HJ002
	带质量负载的单作用单活塞杆带弹簧回程的液压缸	HJ003
	双作用单活塞杆液压缸	HJ020
	双作用双活塞杆液压缸	HJ021
	双作用单活塞杆带弹簧回程液压缸	HJ0022
	单作用单活塞杆带弹簧回程液压缸	HJ0023

Amesim 中液压缸的工作原理都是类似的，本节仅以 HJ000 子模型为例，介绍其工作原理。

图 4-1 所示为 HJ000 子模型原理图。

HJ000 是双作用、单活塞杆、缸体固定的 HJ000 子模型。

子模型计算两个腔体中的动态压力、库伦摩擦力、静摩擦力、黏性摩擦力、活塞杆的倾斜角度和通过活塞之间的泄漏。

在液压缸运动的终点部分没有考虑弹性因素。

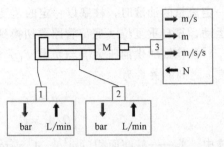

图 4-1　HJ000 子模型原理图

要使用 HJ000 子模型，需要在端口 3 上提供外负载力，同时由端口 3 计算速度（m/s）、位移（m）和加速度（m/s/s）。其他的两个端口输入流量（L/min），输出计算的压力（bar）。

HJ000 和 HJ010 之间的不同仅在于流量端口之间的因果关系。大部分情况下 HJ000 子模型是合适的，这是因为如果 HJ010 子模型节流口直径设置不合适，会产生问题。

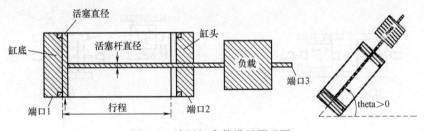

图 4-2　液压缸参数设置原理图

如图 4-2 所示，如果液压缸是水平放置的，则设置参数 "theta" 为 0 度。如果活塞杆在上部，则设置该参数为正值。

液压缸所带的质量负载的参数在子模型内设置。

参数 "index of hydraulic" 定义液压缸子模型与哪个流体属性图标索引相联系。

4.3　柱塞缸仿真

有时我们还会遇到需要建模 Amesim 液压库中没有的液压缸模型，比如柱塞缸、伸缩缸等，这时我们可以求助于 Amesim 的液压元件设计库。

4.3.1　柱塞缸仿真模型

1. 柱塞缸的工作原理

柱塞缸的工作原理如图 4-3 所示。

一般柱塞缸是单作用缸，即只有一个进油（回油）口，柱塞的回程借助外力或自重。当向缸体内部供入一定压力和一定流量的油液时，柱塞以一定的速度 v 推动一定的负载 F_L 运动，靠自重复位（底部管路要切换到油箱）。

柱塞缸的供油压力 p 与负载 F_L、供油流量 Q 及运动速度 v 之间的关系为

$$\begin{cases} A_1 p = F_L \\ Q/A_1 = v \end{cases} \qquad (4\text{-}1)$$

图 4-3　柱塞缸的工作原理

式中　A_1——柱塞面积（m^2），$A_1 = \pi d^2/4$，d 为柱塞直径；

p——供油压力（Pa）；

Q——供油流量（m^3/s）；

F_L——负载力（N）；

v——柱塞速度（m/s）。

2. 建立柱塞缸的仿真模型

1）缸筒固定、活塞杆移动柱塞缸仿真草图如图 4-4 所示。

2）活塞杆固定、缸筒移动柱塞缸仿真草图如图 4-5 所示。

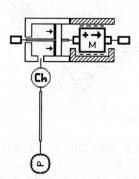 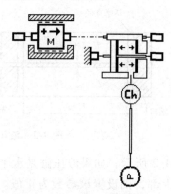

图 4-4　缸筒固定、活塞杆移动　　　　图 4-5　活塞杆固定、缸筒移动
柱塞缸仿真草图　　　　　　　　　　柱塞缸仿真草图

4.3.2　柱塞缸仿真实例

实例：已知柱塞缸的柱塞直径 $d = 12\text{cm}$，供油压力 $p = 5\text{MPa}$，供油流量 $Q = 10\text{L/min}$。不计摩擦和泄漏，试确定活塞伸出速度和所驱动的负载。

1. 理论计算

解： 活塞伸出速度

$$v = \frac{Q}{\frac{\pi}{4}d^2} = \frac{10}{1000 \times 60 \times \frac{\pi}{4} \times \left(\frac{12}{100}\right)^2}\text{m/s} = 0.015\text{m/s} \qquad (4\text{-}2)$$

所驱动的负载

$$F = p \frac{\pi}{4} d^2 = 5 \times 10^6 \times \frac{\pi}{4} \times \left(\frac{12}{100}\right)^2 \mathrm{N} = 5.655 \times 10^4 \mathrm{N} \tag{4-3}$$

2. 速度仿真回路

图 4-6 中元件 1 模拟液压缸的柱塞，元件 2 模拟驱动的负载。

3. 速度仿真回路参数设置

参数设置见表 4-2。

表 4-2　柱塞缸速度计算参数设置

元件编号	参数	值
1	piston diameter	120
	rod diameter	0
2	Mass	0.1
3	number of stages	1
	flow rate at start of stage 1	10
	flow rate at end of stage 1	10

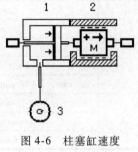

图 4-6　柱塞缸速度
计算仿真草图

在本例中，值得说明的是元件 1 的参数设置。对比图 4-3，柱塞缸工作的有效面积是活塞杆的面积。但是在 Amesim 中，只能用活塞（piston diameter）模拟柱塞缸的有效面积，而活塞杆的直径（rod diameter）应设置为 0，以免影响活塞的有效工作面积。

4. 速度仿真结果

运行仿真，将图 4-6 中 2 号元件的参数 "velocity port 1" 拖动到工作空间中，即绘制了柱塞缸运动速度仿真计算结果，如图 4-7 所示。

从图中可知，液压缸速度为 0.015m/s，该结果与式（4-2）计算结果吻合。

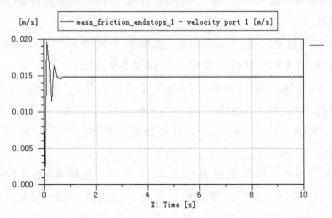

图 4-7　速度计算仿真运行结果

5. 驱动负载的仿真回路

负载力仿真草图如图 4-8 所示。值得注意的是，在构建回路时，将元件旋转了方向，以形象地仿真柱塞缸驱动质量负载的实际情况。

6. 驱动负载的参数设置

驱动负载的仿真回路元件参数设置见表 4-3。

表 4-3　柱塞缸负载仿真参数设置

元件编号	参　数	值
1	piston diameter	120
	rod diameter	0
2	mass	5.655 * 10^3
	lower displacement limit	0
	inclination (+90 port 1 lowest, -90 port 1 highest)	-90
3	number of stages	1
	pressure at end of stage 1	100
	duration of stage 1	10

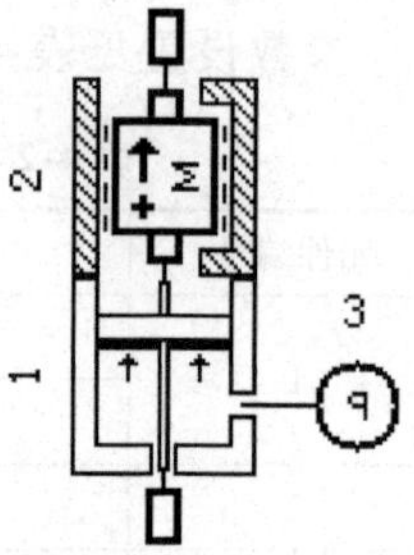

图 4-8　负载力仿真草图

从元件 3 的参数设置可以看出，负载力仿真中采用确定负载质量（元件 2 的 mass 为 5655kg），而逐渐增大供油压力（斜坡信号发生方式，从 0 - 100bar，在 10s 内匀速增加）的方式，来仿真驱动负载的能力。通过仿真运行，负载开始运动时的那个供油压力，即反映了驱动负载的能力。

元件 2 的 "inclination (+90 port 1 lowest, -90 port 1 highest)" 参数设置很重要，在本例中设置为 -90°，表明液压缸是垂直放置的。

7. 驱动负载仿真运行结果

完成参数设置后，进入仿真模式，运行仿真。仿真完成后，选择图 4-8 中的元件 2，将 "variables" 选项卡中的 "displacement port 1" 变量拖动到工作窗口中，绘制位移输出曲线。

然后再选中元件 3，将 "variables" 选项卡中的变量 "user defined duty cycle pressure" 拖动到刚才的位移输出曲线上，如图 4-9 所示。

再单击 "AMEPlot" 窗口中的 "Tools" 菜单，选择 "Plot manager"。在弹出的对话框的左侧树形控件中，选择 "pressuresource_1" 变量，并拖动到 "mass_friction_endstops" 下的 "Tims [s]" 上，并释放鼠标左键，如图 4-10 所示。

然后再删除 "Tims [s]" 分支，如图 4-11 所示。

单击 "OK" 按钮，得仿真图形如图 4-12 所示。从图 4-12 可以看出，供油压力（横坐标所示）在 0 ~ 100bar 增加的过程中，当达到 50bar（5MPa）时，液压缸开始出现位移，表明在 5MPa 时，柱塞缸驱动了负载 5655kg，与式（4-3）计算结果一致，证明仿真的结果是正确的。

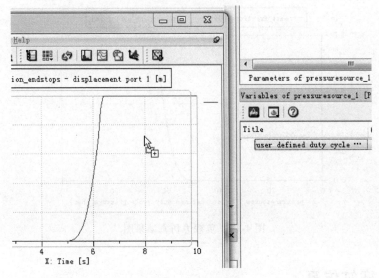

图 4-9　拖动变量

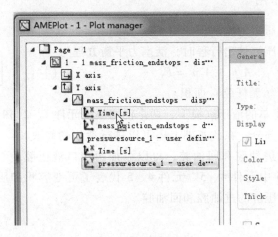

图 4-10　拖动变量

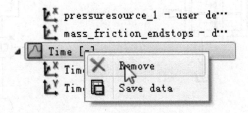

图 4-11　删除"Times［s］"分支

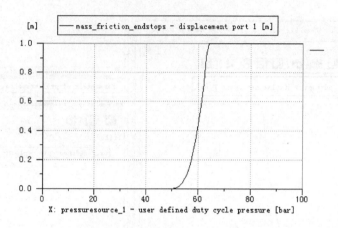

图 4-12　负载力仿真结果图

4.4　活塞缸仿真

4.4.1　单杆双作用

单杆双作用液压缸的原理图如图 4-13 所示。

单杆双作用液压缸伸出行程时，活塞力平衡方程为

$$A_1 p_1 - A_2 p_2 = F_L \qquad (4-4)$$

式中　A_1——大腔（无杆腔）面积。

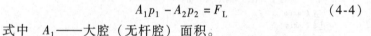

图 4-13　单杆双作用
液压缸的原理

图 4-14 是最简单的液压缸模型，两个活塞模块元件 1、2 构成缸体和活塞杆部分，在此基础上还可以进行适当的修改。为了模拟液压缸的进油腔和回油腔，可以添加两端口液压腔体模型，如图 4-15 中元件 4、5。元件 4、5 代表了可变容积和压力的液压腔体模型，恰好仿真了液压缸的进油腔和回油腔。

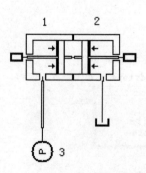

图 4-14　单杆双作用液压缸仿真草图

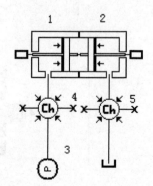

图 4-15　双作用液压缸改进草图

在 Amesim 中，液压缸的行程也是可以模拟的。一般采用的方法是用机械库中的质量块来进行，如图 4-16 所示的质量块模型元件 4。注意一定要选择元件 4 的图标，从图标的形状也可以看出，它对质量块的位移进行了限制。

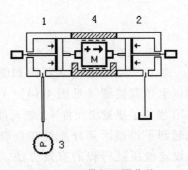

图 4-16　带行程限位的液压缸仿真草图

4.4.2　双杆双作用

双杆双作用液压缸的原理如图 4-17 所示。事实上，单杆和双杆缸的 Amesim 模型所使用到的元件都是相同的。两者的不同只是体现在参数设置上。

如图 4-18 所示，通过设置 1 号或 2 号元件的活塞杆直径（rod diameter）参数值，可以模拟各种活塞杆的情况。如果将 1 号元件的活塞杆直径设置为 0，则对应单活塞杆液压缸，如果设置两个元件的活塞杆直径，则对应双活塞杆液压缸。

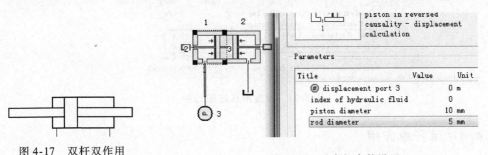

图 4-17　双杆双作用液压缸的原理

图 4-18　活塞杆参数设置

4.4.3　差动式

具有缸筒两端（活塞两侧）同时供液工况、利用活塞两端面积差而工作的单杆活塞式液压缸称差动式液压缸。差动式液压缸的原理如图 4-19 所示。

差动式液压缸活塞组件力平衡方程为

$$(A_1 - A_2)p = \frac{\pi}{4}d^2 p = F_L \qquad (4-5)$$

式中　d——活塞杆直径（m）；

　　　p——供油压力（Pa）；

　　　F_L——负载（N）。

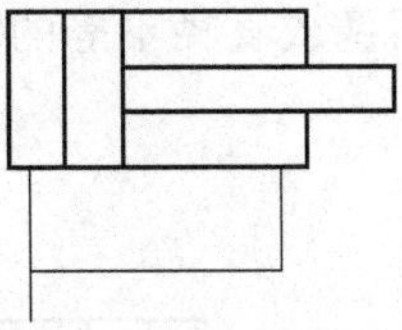

图 4-19　差动式液压缸的原理

对于差动式液压缸来说，有杆腔环形面积排出的油液进入无杆腔循环使用，则液压泵进入液压缸的流量为

$$Q = Q_1 - Q_2 = (A_1 - A_2)v = \frac{\pi}{4}d^2 v \qquad (4-6)$$

则

$$v = \frac{Q}{\pi d^2/4} \qquad (4-7)$$

差动式液压缸仿真草图如图 4-20 所示，同以上仿真模型（见图 4-14）不同的是，图 4-20 增加了质量块元件 4，该元件的加入，不仅起到了模拟活塞杆质量和负载的作用，还是设定液压缸行程的有效方法。其设定行程的方法如图 4-21 所示。通过设定"lower displacement limit"和"higher displacement limit"的值，可以设定液压缸的极限行程。

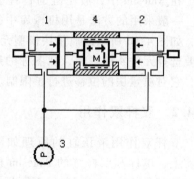

图 4-20　差动式液压缸仿真草图

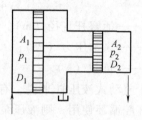

Parameters			
Title	Value	Unit	Tags
(#) velocity with first order lag	0	m/s	
use Coulomb and stiction friction	yes		
lower displacement limit	-1	m	
higher displacement limit	1	m	
contact stiffness	200	N/mm	
coefficient of viscous friction	1000	N/(m/s)	

图 4-21　设置液压缸的行程

4.4.4　单杆单作用

水平放置的单杆单作用活塞式液压缸的原理如图 4-22 所示。当供入液压能 pQ 时，活塞杆以速度 v 推动负载 F_L，靠弹簧力完成反向行程。

4.4.5　增压缸

增压缸原理如图 4-23 所示。增压缸又称增压器。它能将输入的低压转变为高压供液。它由两个直径分别为 D_1 和 D_2 的压力缸筒和固定在同一根活塞杆上的两个活塞或直径不等的相连柱塞等构成。设缸的入口压力为 p_1，出口压力为 p_2，若不

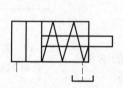

图 4-22　单杆单作用活塞式液压缸的原理

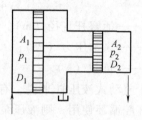

图 4-23　增压缸原理

计摩擦力，根据力平衡关系，可有如下等式：

$$A_1 p_1 = A_2 p_2 \tag{4-8}$$

整理得

$$p_2 = \frac{A_1}{A_2} p_1 = k p_1 \tag{4-9}$$

式中　k——增压比。

　　增压缸仿真草图如图 4-24 所示。从图中可以看出，该仿真模型采用元件 1、2 来模拟增压缸的大活塞缸部分，而用元件 3 来模拟增压缸的小活塞部分，元件 2 和 3 之间通过活塞杆相连接。进入参数模式后，合理设置元件 1、2 和 3 的参数，即三个元件的活塞、活塞杆直径，即可以完整、准确地模拟增压缸的工作过程。

4.4.6　增速缸

　　增速液压缸原理如图 4-25 所示。增速缸又称复合缸，它是以较大活塞杆的活塞杆作为较小活塞缸的缸体，再配以小活塞或柱塞组成。两个活塞在缸中的有效作用面积分别为 A_1、A_2 和 A_3，且 $A_1 < A_2 < A_3$。控制 X、Y 和 Z 三个液体进、出口的进、排液组合，可使大活塞获得 6 种运动速度和输出力。

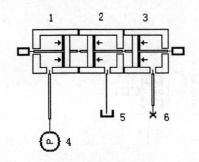

图 4-24　增压缸仿真草图

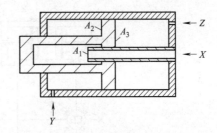

图 4-25　增速液压缸原理

　　增速缸的仿真草图如图 4-26 所示。用元件 3 模拟运动部分，元件 1、2 模拟缸体固定部分。搭建完仿真模型后，进入参数模式，通过合理设置活塞、活塞杆面积，可以模拟各种流量增益。

4.4.7　多级缸仿真

　　液压缸根据活塞级数分为单级液压缸和多级液压缸。单级液压缸结构简单，应用范围广泛，多级液压缸相对于单级液压缸在缸体初始长度相同的情况下具有更长的行程，因此在一些特殊要求的场合获得应用。

　　多级缸的原理如图 4-27 所示。

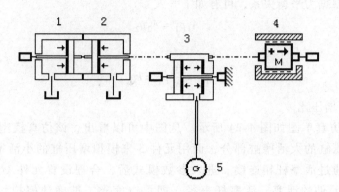

图 4-26　增速缸仿真草图

　　两级液压缸的仿真草图如图 4-28 所示。其中元件 6、7 是用来模拟第二级液压缸的。从图中可以看出，一级液压缸是一个缸体固定的单级液压缸（元件 1、2 组成），二级液压缸是一个可以滑动的单级液压缸（元件 6、7 组成）。二级缸体与一级缸体的活塞杆相连，当一级缸体的活塞杆伸出或缩回时，二级缸体与一级缸体的活塞杆同时伸出或缩回。

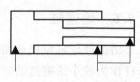

图 4-27　多级缸的原理

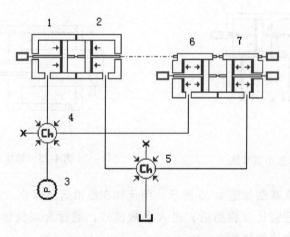

图 4-28　两级液压缸的仿真草图

　　若要模拟多级液压缸的行程限制，可以引入线性机械节点元件 9，如图 4-29 所示，采用线性机械元件 9 将限位质量块 8、一级液压缸活塞杆 2 和二级液压缸缸体 6 联系在一起，既实现了二级液压缸的功能，也实现了行程位置的限制。

　　相信有了二级液压缸的模型，读者应该能够自行建立三级、四级直至更多级的液压缸的仿真模型了。

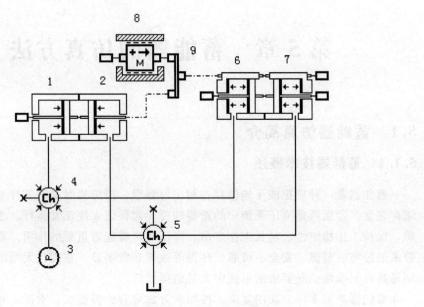

图 4-29 多级液压缸带行程限制仿真草图

第 5 章　蓄能器的仿真方法

5.1　蓄能器仿真简介

5.1.1　蓄能器技术概述

蓄能器是一种能把液压能储存在耐压容器里，待需要时又将其释放出来的能量储存装置。蓄能器是液压系统中的重要辅件，对保证系统正常运行、改善其动态品质、保持工作稳定性、延长工作寿命、降低噪声等起着重要的作用。蓄能器给系统带来的经济、节能、安全、可靠、环保等效果非常明显。在现代大型液压系统，特别是具有间歇性工况要求的系统中尤其值得推广。

蓄能器类型多样、功用复杂。按加载方式可分为弹簧式、重锤式和气体式。

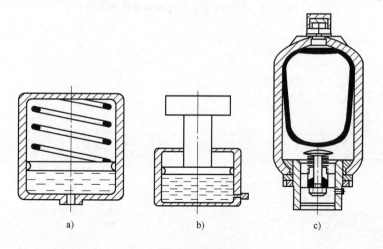

图 5-1　蓄能器原理
a) 弹簧式　b) 重锤式　c) 气体式

弹簧式蓄能器如图 5-1a 所示，它依靠压缩弹簧把液压系统中的过剩压力能转化为弹簧势能存储起来，需要时释放出去。其结构简单，成本较低。但因为弹簧伸缩量有限，伸缩对压力变化不敏感，所以只适合小容量、低压系统，或者用作缓冲装置。

重锤式蓄能器如图 5-1b 所示，它通过提升加载在密封活塞上的质量块把液压系统中的压力能转化为重力势能积蓄起来。其结构简单，压力稳定。缺点是安装局限性大，只能垂直安装；不易密封；质量块惯性大，不灵敏。仅供暂存能量用。

气体式蓄能器如图 5-1c 所示。由铸造或锻造而成的压力罐、气囊、气体入口阀和油入口阀组成。这种蓄能器可做成各种规格，适用于各种大小型液压系统。

5.1.2　蓄能器功用

蓄能器的功用主要分为存储能量、吸收液压冲击、消除脉动和回收能量四大类。

1）存储能量。这一类功用在实际使用中又可细分为：①作辅助动力源，减小装机容量；②补偿泄漏；③作热膨胀补偿；④作紧急动力源；⑤构成恒压油源。

2）吸收液压冲击。换向阀突然换向、执行元件运动的突然停止都会在液压系统中产生压力冲击，使系统压力在短时间内迅速升高，造成仪表、元件和密封装置的损坏，并产生振动和噪声。此时采用蓄能器，可以很好地吸收和缓冲液压冲击。

3）消除脉动、降低噪声。对于采用柱塞泵且其柱塞数较少的液压系统，泵流量周期变化使系统产生振动。装设蓄能器，可以大量吸收脉动压力和流量中的能量。

4）回收能量。由于蓄能器可以暂存能量，所以可以用来回收多种动能、位置势能，是目前研究较多的一个领域。

5.1.3　蓄能器的计算和选型

图 5-2 所示为气体式蓄能器的一种——气囊式蓄能器的三种工作状态。图 5-2a 为蓄能器充气状态，此时充气压力为 p_0，气体的容积为 V_0，称它为蓄能器的总容积；图 5-2b 为蓄能器充液状态，此时气体压力升至最高为 p_1，气体容积为 V_1；图 5-2c 为蓄能器供油终了状态，此时气体压力为 p_2，是系统的最低工作压力，气体容积为 V_2。当系统的工作压力从 p_1 降到 p_2 时，则气体容积的变化量为 $\Delta V = V_2 - V_1$，也是蓄能器向系统供出的油量，该值被称为蓄能器的工作容积，以 V_W 表示。

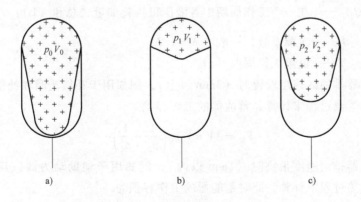

a)　　　　　　　　b)　　　　　　　　c)

图 5-2　气囊式蓄能器的三种工作状态

根据波义耳定律：在定量定温下，理想气体的体积与气体的压强成反比，则

$$p_0 V_0^n = p_1 V_1^n = p_2 V_2^n = 常数 \tag{5-1}$$

式中，当蓄能器的排油速度较慢时（3min 以上），例如用于补偿泄漏和补偿压力的情况时，可按等温过程来计算，即 $n = 1$；当蓄能器排油的速度很快时（1min 以内），例如作辅助动力源或应急动力源时，可按绝热过程来计算，即 $n = 1.4$。

设置蓄能器的液压系统，其泵的流量是根据系统在一个工作循环周期中的平均流量 Q_m 来选取的，如图 5-3 所示。

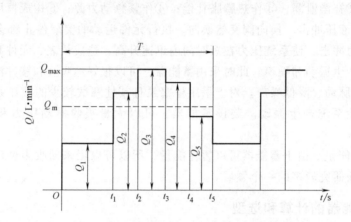

图 5-3　蓄能器流量-时间关系

其公式为

$$Q_m = \frac{\sum_{i=1}^{n} Q_i t_i}{T} \times 60K \tag{5-2}$$

式中　　$\sum_{i=1}^{n} Q_i t_i$ ——在一个工作周期中各液压机构耗油量之总和（L）；

　　　　K ——泄漏系数，一般取 $K = 1.2$；

　　　　T ——机组工作周期（s）。

当蓄能器排油的速度较慢时（3min 以上），例如用于补偿泄漏和补偿压力的情况时，可按等温过程来计算，蓄能器的工作容积

$$V_W = \Delta V = V_0 p_0 \left(\frac{1}{p_2} - \frac{1}{p_1} \right) \tag{5-3}$$

当蓄能器排油速度很快时（1min 以内），例如用于辅助动力源或应急动力源时，可按绝热过程来计算，此时蓄能器的工作容积为

$$V_W = \Delta V = V_0 p_0^{\frac{1}{1.4}} \left[\left(\frac{1}{p_2} \right)^{\frac{1}{1.4}} - \left(\frac{1}{p_1} \right)^{\frac{1}{1.4}} \right] \tag{5-4}$$

可得蓄能器的总容积为

$$V_0 = \frac{\Delta V}{p_0^{\frac{1}{n}}\left[\left(\frac{1}{p_2}\right)^{\frac{1}{n}} - \left(\frac{1}{p_1}\right)^{\frac{1}{n}}\right]} \tag{5-5}$$

式中，当蓄能器用于补偿泄漏和补偿压力的情况时，$n=1$；当作辅助动力源或应急动力源时，$n=1.4$。

5.1.4　Amesim 中的蓄能器参数

在 Amesim 的液压库中，有两个现成的蓄能器元件，如图 5-4 所示。图中形象地表示出这两个蓄能器元件应该是用来仿真气囊式蓄能器和弹簧式蓄能器的。

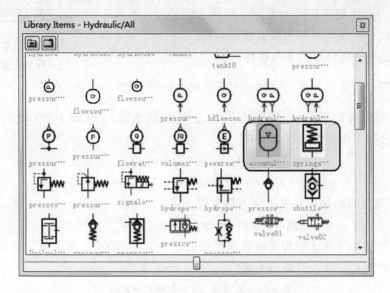

图 5-4　液压库中的蓄能器元件

1. 气囊式蓄能器元件

气囊式蓄能器元件在液压（Hydraulic）库中的图形符号如图 5-5 所示。

与气囊式蓄能器相配合的子模型包括 HA001、HA000、HA0011、HA0010、HA0021 和 HA0020。这里我们主要介绍子模型 HA001。

图 5-5　气囊式蓄能器图形符号

HA001 是液压蓄能器的动态子模型。蓄能器中的气体遵循多变气体定律，其形式为

$$P \cdot V^{\gamma} = 常数 \tag{5-6}$$

式中的常数由预充气压力和蓄能器的容积决定。蓄能器中的液压流体假定与气体有相同的压力。

当蓄能器中的气体体积变为常态下蓄能器容积的千分之一时，即假定蓄能器被完全充气了。这可以防止当蓄能器中的气体体积趋向零时所带来的问题。

当蓄能器完全释放容积时，将假定以蓄能器容积的千分之一为体积，采用可压缩流体体积公式，以 bar 为单位计算液体压力。

由于 HA001 子模型不考虑节流效应，因此其输入输出端口不同于 HA000。HA001 子模型需要流量作为输入，压力作为输出。同子模型 HA000 正好相反。

蓄能器子模型外部变量如图 5-6 所示。

要使用蓄能器子模型，用户需要选择使用哪种初始化方式计算其初始容积。为了分析方便，我们用下面的符号来代表压力和体积：

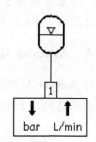

p_0、V_0——预充气压力和蓄能器容积；

p_{gas}、V_{gas}——气体压力和气体体积；

图 5-6　蓄能器子模型
外部变量

p_{out}、$\dfrac{\mathrm{d}p_{out}}{\mathrm{d}t}$——端口 1 上的液体压力及其对时间的导数。

（1）等温初始化　当在预充气状态和初始状态（时刻 $t = 0$ 时的 $p_{gas(0)}$，$V_{gas(0)}$）之间应用等温过程时，有

$$(p_0 + p_{atm})V_0 = (p_{gas(0)} + p_{atm})V_{gas(0)} \tag{5-7}$$

式中　p_{atm}——大气压力（$p_{atm} = 1.013\,\mathrm{bar}$，即 $1.01325 \times 10^5\,\mathrm{Pa}$）。

（2）绝热初始化　如果应用绝热过程，则

$$(p_0 + p_{atm})V_0^{\gamma} = (p_{gas(0)} + p_{atm})V_{gas(0)}^{\gamma} \tag{5-8}$$

当蓄能器中气体体积为实际容积的千分之一（$V_0/1000$）时，认为蓄能器被完全充满。此时对应最大气体压力为

$$p_{max} = (p_0 + p_{atm}) \times 1000^{\gamma} - p_{atm} \tag{5-9}$$

当蓄能器完全释放其中液体后，假定剩余的千分之一体积的液体为其死容积。

2. 弹簧式蓄能器元件

弹簧式蓄能器元件在液压库中的图形符号如图 5-7 所示。

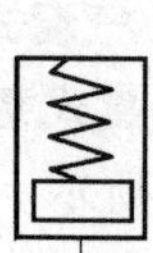

弹簧式蓄能器的子模型一共有两个，分别是 HASP0、HASP1。这里我们主要介绍 HASP0。

HASP0 是弹簧式蓄能器的动态子模型。活塞的动态特性是由弹簧力和液压力控制的。活塞和弹簧的重量假定对动态特性没有影响。

图 5-7　弹簧式蓄
能器图形符号

必须指定液压死容积，以防止蓄能器完全排液时油液体积为 0。这个死容积是由活塞直径和行程定义的体积的百分数来表示的。默认值适合绝大多数情况。

该子模型有一个状态变量，是液体压力。

输出端口的输出是以 bar 为单位的压力输出和输入的流量。充液时在输入口有节流。

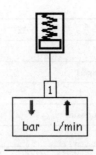

图 5-8　弹簧式蓄能器外部变量

弹簧式蓄能器外部变量如图 5-8 所示。

5.2　蓄能器仿真实例

5.2.1　蓄能器数学模型的简单验证

为了验证蓄能器的数学模型，搭建如图 5-9 所示的仿真草图。

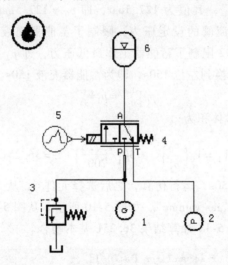

图 5-9　蓄能器充液、放液仿真草图

系统中各元件的参数设置见表 5-1。表中没有提到的元件的参数保持默认值。

表 5-1　参数设置

元件编号	参　数	值
1	number of stages	2
	flow rate at start of stage 1	63
	flow rate at end of stage 1	63

（续）

元件编号	参　　数	值
2	number of stages	1
	pressure at start of stage 1	150
	pressure at end of stage 1	150
3	relief valve cracking pressure	200
5	number of stages	1
	output at start of stage 1	40
	output at end of stage 1	40
	duration of stage 1	150
6	pressure at port 1	127.6
	gas precharge pressure	127.5
	accumulator volume	50

从表 5-1 中的参数设置可以看到，蓄能器中气体的充气压力为 6 号元件的 "gas precharge pressure"，其值为 127.5bar，即 $p_0 = 127.5$bar，而蓄能器初始容积 $V_0 = 50$L；图 5-9 中溢流阀的设定压力，限制了蓄能器充液的最高压力，即 $p_1 = 200$bar；图 5-9 中元件 2 限制了蓄能器工作最低压力，即 $p_2 = 150$bar，在控制信号 5 的作用下，换向阀切换到左位 150s，即为蓄能器充液 150s。根据式（5-1），得

$$p_0 V_0^{1.4} = p_1 V_1^{1.4} \tag{5-10}$$

即充液后蓄能器内气体体积为

$$V_1 = V_0 \left(\frac{p_0}{p_1}\right)^{\frac{1}{1.4}} = 50 \left(\frac{127.5}{200}\right)^{\frac{1}{1.4}} \text{L} = 36.25\text{L} \tag{5-11}$$

设置仿真时间为 150s，运行仿真，之后选择元件 6，从 "Variables" 选项卡中观察蓄能器体积变量 "gas volume"，如图 5-10 所示。从图 5-10 可见，蓄能器充液后体积为 36.3L，与式 5-11 计算结果 36.25L 基本吻合。

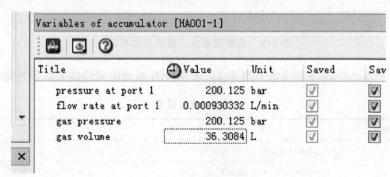

图 5-10　充液后蓄能器体积

修改元件 5 的参数，见表 5-2，表 5-2 中没有提到的元件的参数保持默认值。

表 5-2　元件 5 修改参数

元件编号	参　　数	值
5	number of stages	2
	output at start of stage 1	40
	output at end of stage 1	40
	duration of stage 1	150
	duration of stage 2	150

从表 5-2 中的参数设置可见，控制信号 5 先控制电磁阀 4 接通 150s，给蓄能器充液 150s，然后，再断电 150s，即为蓄能器放液 150s。

根据式（5-1），得

$$p_0 V_0^{1.4} = p_2 V_2^{1.4} \tag{5-12}$$

整理并代入已知数据，得

$$V_2 = V_0 \left(\frac{p_0}{p_2} \right)^{\frac{1}{1.4}} = 50 \times \left(\frac{127.5}{150} \right)^{\frac{1}{1.4}} \text{L} = 44.52\text{L} \tag{5-13}$$

再次设置仿真时间为 210s，运行仿真。选择元件 6，观察蓄能器的体积变量即"gas volume"为 44.557L，如图 5-11 所示。

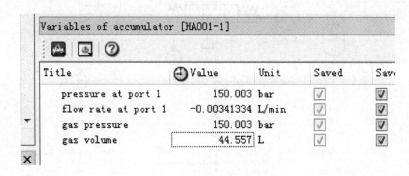

图 5-11　蓄能器放液后的体积

可见与式 5-13 计算结果比较吻合。

5.2.2　较复杂的蓄能器仿真

图 5-12 所示为液压蓄能器辅助供油快速回路。这种回路是采用一个大容量的液压蓄能器使液压缸快速运动。当换向阀处于左位或右位时，液压泵和液压蓄能器同时向液压缸供油，实现快速运动。当液压缸不工作时，换向阀处在中间位置，泵

向蓄能器充液，储存高压油液，当达
到预定压力时，泵卸荷。

　　这种回路适用于短时间内需要大
流量的场合，并可用小流量的液压泵
使液压缸获得较大的运动速度。需要
注意的是，在液压缸的一个工作循环
内，需有足够的停歇时间使液压蓄能
器充液。

　　为了提高针对性，我们设定如下
已知条件：如图 5-13 所示，液压缸
活塞直径 100mm，活塞杆直径 80mm，
要求快进速度为 40mm/s，液压缸行
程 0.3m，负载力为 100000N，工作间
歇时间为 15s。试确定蓄能器的容积、
液压泵的流量。

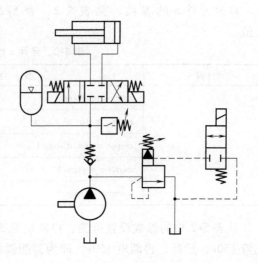

图 5-12　蓄能器辅助供油快速回路

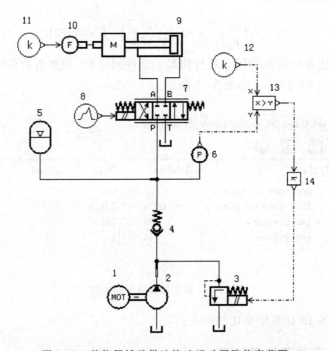

图 5-13　蓄能器辅助供油快速运动回路仿真草图

　　解：根据题意，设系统最高工作压力由溢流阀来设定，为 20MPa，此即蓄能
器最高工作压力 p_1，蓄能器最低工作压力由外负载确定，则蓄能器最低工作压
力为

$$p_2 = \frac{F_N}{A_1} = \frac{100000}{\frac{\pi}{4}0.1^2} \text{MPa} = 12.73 \text{MPa} \tag{5-14}$$

蓄能器的初始压力

$$p_0 = 0.85p_2 = 10.82 \text{MPa} \tag{5-15}$$

液压缸的运动时间

$$t_1 = \frac{s}{v_1} = \frac{0.3}{0.04} \text{s} = 7.5 \text{s} \tag{5-16}$$

从题意可知，这段时间由液压泵和蓄能器共同为液压缸供油，即

$$A_1 v_1 t_1 = 2.356 \text{L} \tag{5-17}$$

设泵的流量为 $Q_p = 8\text{L/min}$（该值可根据计算结果修正），则在液压缸伸出的过程中，蓄能器供油为

$$V_x = 2.356 \text{L} - Q_p t_1 = 1.356 \text{L} \tag{5-18}$$

液压缸运动要求的流量为

$$Q_f = \frac{V_x}{t_1} = 10.85 \text{L/min} \tag{5-19}$$

这些流量全部通过换向阀流过，在换向阀上会产生压降。查找力士乐样本，我们这里选 6 通径的电磁换向阀，选择 WE6E6XSG24 型号。该型号中位机能符号为 E，对应的通道的压降如图 5-14 所示。

其压降流量曲线如图 5-15 所示。

符号	流向			
	P-A	P-B	A-T	B-T
A,B	3	3	—	—
C	1	1	3	1
D,Y	5	5	3	3
E	3	3	1	1
F	1	3	1	1
T	10	10	9	9
H	2	4	2	2

图 5-14　中位机能 E 对应的通道
压降流量曲线序号

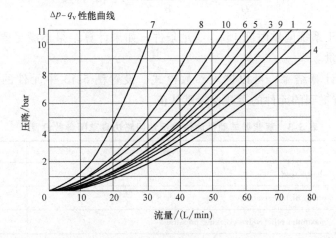

图 5-15　6 通径换向阀压降流量曲线

从图 5-15 可以查得，P 口至 B 口的流量为 60L/min 时，压降为 9bar（对应曲线 3）。则根据孔口流量公式（2-54），有以下关系式成立：

$$\frac{Q_f}{\sqrt{\Delta p}} = \frac{60L/min}{\sqrt{9bar}} \tag{5-20}$$

式中 Δp ——流量为 Q_f 时的压降。

由此解得

$$\Delta p = 0.294 bar \tag{5-21}$$

则根据式 (5-1)，有

$$\begin{cases} V_2 - V_1 = V_x \\ (p_2 + \Delta p) V_2^{1.4} = p_1 V_1^{1.4} \end{cases} \tag{5-22}$$

求解该方程组，即可得蓄能器的充液体积 V_1、蓄能器排液后的体积 V_2。该方程是非线性方程组，求解可以采用计算机进行辅助。读者可以采用 Matlab 或 MathCAD 来进行求解，本书省略这部分内容，用 MatchCAD，求解得

$$\begin{cases} V_1 = 3.584 \\ V_2 = 4.94 \end{cases} \tag{5-23}$$

又根据式 (5-1)，有

$$V_0 = V_1 \left(\frac{p_1}{p_0}\right)^{\frac{1}{1.4}} = 5.557L \tag{5-24}$$

则得蓄能器初始容积为 5.557L。

蓄能器的充液时间为

$$t_c = \frac{V_0 - V_1}{Q_p} = \frac{5.524 - 3.562}{8}s = 14.712s \tag{5-25}$$

该时间小于系统间歇时间 15s。满足条件。如果计算结果不满足要求，可以调整液压泵的流量。

根据以上计算结果，可以进入参数模式，设置图 5-13 中元件的参数，见表 5-3，其中没有提到的元件的参数保持默认值。

表 5-3 蓄能器辅助供油快速运动回路仿真草图参数设置

元件编号	参 数	值
1	shaft speed	1000
2	pump displacement	8
3	maximum relief valve cracking pressure	200
5	pressure at port 1	108.3
	gas precharge pressure	108.2
	accumulator volume	5.557

（续）

元件编号	参　数	值
7	ports P to B flow rate atmaximum valve opening	60
	ports P to B corresponding pressure drop	9
	ports A to T flow rate atmaximum valve opening	70
	ports A to T corresponding pressure drop	10
8	number of stages	2
	duration of stage 1	20
	output at start of stage 2	40
	output at end of stage 2	40
	duration of stage 2	20
9	piston diameter	100
	rod diameter	80
	total mass being moved	1
11	constant value	100000
12	constant value	199
14	value of gain	200

　　值得说明的是元件 5 的参数设置，其预充气压力由式（5-15）计算得到，蓄能器的容积由式（5-24）计算得到。元件 7 的参数是通过查图 5-15 得到的。元件 6、12、13 和 14 模拟了压力继电器的发信。

　　设置完参数后，进入仿真模式，修改仿真时间为 35s，运行仿真。

　　绘制元件 5 的压力曲线（参数 "pressure at port 1"），如图 5-16 所示。

　　从图 5-16 中可以看出，在 0s 至大约 14s 期间，蓄能器处于充液阶段，到大约 14s 时，充液完成，印证了式（5-25）的计算结果。

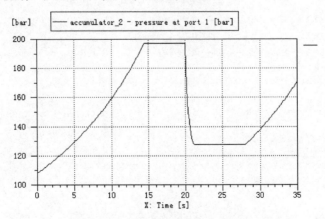

图 5-16　蓄能器的压力变化曲线

绘制元件 9 的活塞运动速度（参数 "rod velocity"）曲线，如图 5-17 所示。

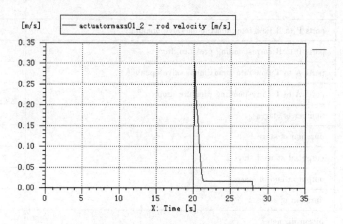

图 5-17　　活塞运动速度曲线

从图 5-17 中可以看出，活塞运动时间大约从 20s 开始，到 28s 结束，大约为 8s，验证了式（5-16）计算结果的正确性。从图 5-17 还可以看出，实际仿真运行时，开始由于蓄能器的加入，运动速度在最开始接近 0.3m/s，而蓄能器放液完毕后（大约 1s），液压缸的速度降为 20mm/s 左右，加入蓄能器使液压缸的平均速度接近 40mm/s。

以上结果验证了仿真的正确性。

第6章 液压控制阀的仿真方法

液压控制阀的作用是控制液压系统中的液流方向、压力和流量，故可分为方向控制阀、压力控制阀和流量控制阀三大类。本章将分别从系统级和元件级的角度介绍这三类阀的建模基本原理。

6.1 液压控制阀 Amesim 仿真概述

圆柱滑阀是应用广泛的一种液压阀的结构形式，在各类阀中都有应用。它通过圆柱形阀芯在阀体孔内的滑动，来改变液流通路——滑阀开口的大小，从而控制液压系统中液流的压力和流量大小，改变液流的方向。

滑阀的压力流量特性是指流经滑阀的流量与阀前后压力差以及滑阀开口三者之间的关系。

设滑阀开口长度为 x，阀芯与阀体（或阀套）内孔之间的径向间隙为 Δ，阀芯直径为 d，阀孔前后压力差 $\Delta p = p_1 - p_2$，则根据流体力学中流经节流小孔的流量公式，得到流经滑阀的流量 Q 的表达式为

$$Q = C_d A \sqrt{\frac{2}{\rho} \Delta p} \tag{6-1}$$

式中 A——滑阀阀口的过流面积，$A = W \sqrt{x^2 + \Delta^2}$；

W——滑阀开口宽度，又称过流面积梯度。

它表示滑阀阀口过流面积随滑阀位移的变化率，是滑阀最重要的参数。对圆柱滑阀 $W = \pi d$，如果滑阀为理想滑阀（即 $\Delta = 0$），其过流面积 $A = \pi d x$。因此，式 (6-1) 又可以写成

$$Q = C_d \pi d x \sqrt{\frac{2}{\rho} \Delta p} \tag{6-2}$$

6.2 单向阀

液压系统中的单向阀，主要用于阻断一个方向的液动，而允许反方向的自由动。因此，单向阀也称为止回阀。在单向阀中有一个阀座，因而能够形成无泄的隔离回。单向阀的主要性能要求是：油液向一个方向通过时压力损失要小；反向不通时密封性要好。

单向阀结构如图 6-1 所示。单向阀由阀体 1、阀芯 2（锥阀或球阀）和弹簧等

基本元件组成。当压力油由 A 口流入时，克服弹簧力推动阀芯而使油路接通，压力油由 B 口流出；而当压力油从 B 口进入时，油液压力和弹簧力将阀芯压紧在阀座上，油液不能通过。单向阀均采用座阀式结构，这有利于保证良好的密封性能。

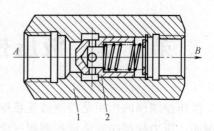

图 6-1　单向阀结构

1—阀体　2—阀芯

值得说明的是，在通常情况下，对于单向阀（不仅是单向阀）的仿真可以分成两类：如果用户的研究重点是单向阀的外特性（输出流量和压降），则应该用标准液压库中的单向阀模型，如果用户的研究重点是阀的几何尺寸的元件性能的影响，则应该用液压元件设计库进行建模。

下面以力士乐 S6A1 单向阀为例演示 Amesim 的建模过程。力士乐 S6A1 单向阀开启压力为 1bar，其性能曲线如图 6-2 所示。

1. 功能级建模

采用液压库中的标准单向阀元件（CV002）进行建模属于功能级建模，这个元件中将单向阀的开启过程分成三个阶段，如图 6-3 所示。

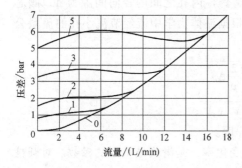

图 6-2　力士乐单向阀性能曲线

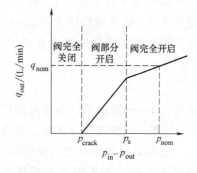

图 6-3　开启过程的三个阶段

1）当开启压力小于 p_{crack}（弹簧预紧力）时，流量为零。

2）当开启压力大于 p_{crack}（弹簧预紧力）且小于 p_s（阀刚好全开时的压力）时，流量的计算方法如下：

首先根据单向阀全开时的压力 p_{nom} 和流量 Q_{nom} 做出一条压力流量曲线，如图 6-4 所示。然后根据单向阀开启压力 p_{crack} 和压力流量梯度 Grad 做出一条直线，两条曲线的交点便是单向阀刚好完全打开时的压力 p_s。

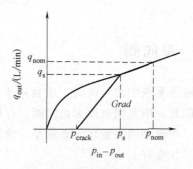

图 6-4　单向阀开口系数计算方法

当得到 p_s 之后，再根据单向阀入口压力 p_{in} 和出口压力 p_{out} 得到单向阀开口系数 x_v，当 $x_v < 0$ 时，单向阀关闭，开口面积 $A = 0$；当 $0 < x_v < 1$ 时，单向阀部分开启，开口面积 $A = x_v * A_{max}$；当 $x_v > 1$ 时，$A = A_{max}$ 单向阀完全开启。在得到实际过流面积之后再根据进出口压差计算流量。即

$$x_v = \frac{p_{in} - p_{out} - p_{crack}}{p_s - p_{crack}} \tag{6-3}$$

$$A = x_v A_{max} \tag{6-4}$$

式中　A_{max}——单向阀的最大开口面积。

3）当开启压力大于 p_s（阀刚好全开时的压力）时，单向阀完全打开，按照固定阻尼孔公式计算流量。

如图 6-2 所示，根据力士乐 S6A1 单向阀的特性曲线，取开启压力为 1bar，系统额定流量 16L/min 时压降为 6bar，根据特性曲线得到压力流量梯度的近似值为 10L/min/bar。

以上是 Amesim 对单向阀建模的理论基础，我们可以搭建模型验证上述理论。

建立如图 6-5 所示的仿真草图。

进入参数模式，按表 6-1 进行元件的参数设置，其中没有提到的元件的参数保持默认值。

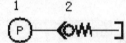

图 6-5　单向阀系统级建模仿真草图

表 6-1　单向阀系统级建模参数设置

元件编号	参　　数	值
1	number of stages	2
	output at start of stage 1	− 0.002
	duration of stage 1	5
	output at end of stage 2	0.002
	duration of stage 2	5
2	number of stages	1
	pressure at start of stage 1	0.1
	pressure at end of stage 1	0.1

进入仿真模式，设置仿真时间为 10s，运行仿真。

选择元件 2，绘制其参数 "flow rate at check valve port 1"，然后再选择元件 1，在同一幅图中绘制其参数 "user defined duty cycle pressure"，如图 6-6 所示。

然后选择 "AMEPlot-1" 对话框中的【Tools】→【Plot manager...】，弹出 "Plot manager" 对话框，展开左侧树形控件，如图 6-7 所示。

通过鼠标拖拽的方式，调整左侧树形控制中的 X、Y 轴标签为如图 6-8 所示，并删除 "Time ［s］" 标签。

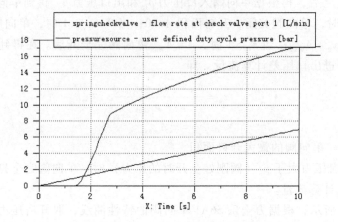

图 6-6　在同一幅图中绘制其压力和流量

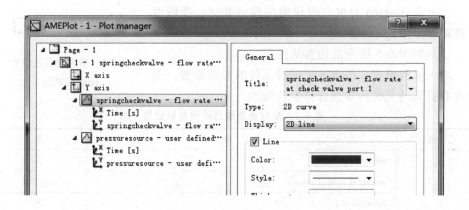

图 6-7　"Plot manager" 对话框

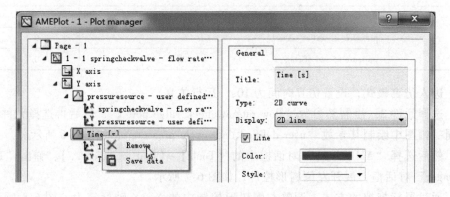

图 6-8　修改横纵坐标

单击"OK"按钮，得仿真曲线图如图 6-9 所示。

从图 6-9 可以看出，单向阀在 1bar 时刚刚开启，在 2bar 时完全打开，之后的压力流量特性跟阻尼孔完全相同。

2. 元件级建模

参考图 6-1，可以利用换向阀机械结构图和 Amesim 中的液压元件设计库模型之间的一一对应关系，来搭建仿真草图。其中的重点结构是阀芯的仿真模型，这可以采用图 6-10 所示的多种结构。

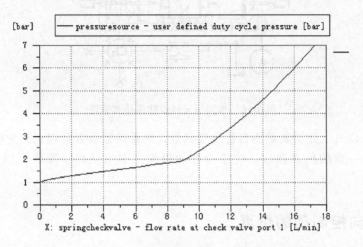

图 6-9　单向阀的流量压力曲线

模拟阀芯弹簧的结构，可以采用图 6-11 所示的弹簧模型。

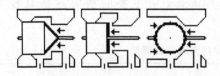

图 6-10　阀芯模型

图 6-11　HCD 中的弹簧模型

事实上，如果参数设置合理，也可以采用机械库中的弹簧，如图 6-12 所示。可以用机械库中的质量块模型来模拟阀芯的质量，如图 6-13 所示。

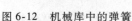

图 6-12　机械库中的弹簧

图 6-13　机械库中的质量块模型

还可以用容腔模型来模拟单向阀的腔体，如图 6-14 所示。

最后可以用一个节流孔模型来模拟单向阀的泄漏，如图 6-15 所示。

图 6-14　单向阀的腔体

图 6-15　节流孔模型

最终建立的单向阀仿真草图如图 6-16 所示。

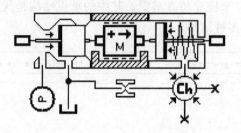

图 6-16　单向阀元件级建模仿真草图

读者可以对上述仿真草图自行设置参数，如果参数设置合理，完全可以得到和图 6-9 所示一致的仿真曲线。关于参数的设置，本书从略，读者可以自行设置、探索。

6.3　方向控制阀的仿真

6.3.1　方向控制阀的系统级仿真

Amesim 液压库中换向阀模型基本能够满足日常仿真的需要，从图形可以很直观地判断出每一个图标对应哪种换向阀。Amesim 中主要的换向阀仿真模型见表 6-2。

表 6-2　Amesim 液压库中换向阀仿真模型

图　　标	名　　称	子模型
A B P T	通用三位四通换向阀模型	HSV34
A B P T	中位机能为 O 型的三位四通换向阀	HSV34_01

（续）

图　标	名　称	子模型
	中位机能为 H 型的三位四通换向阀	HSV34_02
	中位机能为 M 型的三位四通换向阀	HSV34_03
	通用二位四通换向阀模型	HSV24
	通用二位三通换向阀模型	HSV23

　　由于方向控制阀的仿真设置方法基本类似，本节仅介绍通用型三位四通换向阀子模型 HSV34。

　　HSV34 子模型是三位四通伺服阀的通用模型（也可以当作普通换向阀来使用）。该阀的子模型图标如图 6-17 所示。

　　滑阀的动态特性用二阶振荡系统来模拟，该系统由指定的自然频率和阻尼比来定义。

　　该阀有 6 种可能的通路：P 到 A、P 到 B、A 到 T、B 到 T、P 到 T 和 A 到 B。

　　要使用该模型，必须指定在阀全开时的流量和对应的压力降，同时也必须给定开口法则。该定义指定了端口之间是如何连接的。

　　该子模型可以用来模拟大部分种类的三位四通液压换向阀，它已经被用来定义一系列的换向阀模型。

　　关于系统级方向控制阀的仿真可以参考本书第 7.3 节。

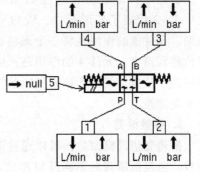

图 6-17　通用三位四通换向阀子模型图标

6.3.2　方向控制阀的元件级仿真

　　圆柱滑阀具有最优良的控制特性，故在液压系统中应用最广。随着使用场合不同，工程上应用的圆柱滑阀有很多种结构形式。

按进出阀的通道数，滑阀分为二通阀、三通阀和四通阀。

根据阀芯台肩与阀套槽宽的不同组合，滑阀可以分为正开口（负重叠）阀、零开口（零重叠）阀和负开口（正重叠）阀，它们具有不同的流量增益特性，如图 6-18 所示。

事实上，从零位附近流量增益曲线的形状来确定阀的开口形式要比用上述几何关系进行划分更为合理，因为零开口阀实际上总具有一个微小的正重叠（1 ~ 3μm），以补偿径向间隙的影响，使阀的增益具有线性特性。

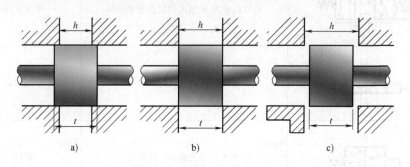

图 6-18　滑阀的不同开口形式

a）负开口（正重叠）$t > h$　b）零开口 $t = h$　c）正开口（负重叠）$t < h$

1. 仿真模型

滑阀开口形式仿真模型如图 6-19 所示。元件 1、2 代表了环形开口、锐边节流的阀芯模型。元件 3 的作用是将一个无量纲数据转换成位移和速度。元件 4 的作用是产生对阀芯的位移控制信号。元件 5 用来模拟系统压力。元件 6 是油箱。

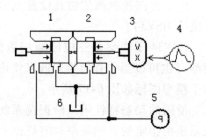

图 6-19　滑阀开口形式仿真草图

2. 参数设置

搭建完仿真模型后，可以通过设置不同的参数，来模拟滑阀的不同开口形式。下面通过表格的方式列写系统仿真的共用参数，见表 6-3。表中没有提到的参数保持默认值。

表 6-3　共用参数

元件编号	参　　　数	值
4	number of stages	2
	output at start of stage 1	− 0.002
	duration of stage 1	5
	output at end of stage 2	0.002
	duration of stage 2	5
5	number of stages	1
	pressure at start of stage 1	0.1
	pressure at end of stage 1	0.1

（1）负开口参数设置与仿真　负开口（正重叠）仿真参数设置见表 6-4。

表 6-4　负开口参数设置

元件编号	参　　数	值
1	underlap corresponding to zero displacement	−0.5
2	underlap corresponding to zero displacement	−0.5

完成如上参数设置后。进入仿真模式，运行仿真。

下面的仿真设置技巧比较关键，通过下面的设置，可以按照用户的要求，输出用户所期望的曲线。

首先绘制元件 4 的曲线图，如图 6-20 所示。参考图 6-20 和表 6-3，可以理解我们的仿真意图，其目的是要设置阀芯控制信号在 0 ~ 10s 内，从 −0.002 变化到 0.002。注意，图 6-19 中元件 3 的单位是 m，所以要求元件 4 的输出信号是 −0.002 到 0.002 变化。

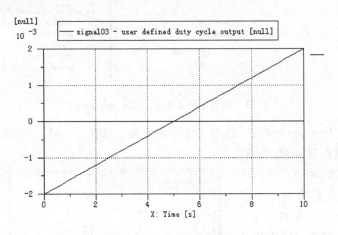

图 6-20　输入信号曲线

从图 6-19 可以看出，在图示仿真模型的构建方式下，当阀芯位移为正时（阀芯向左运动），元件 2 的节流边起节流作用；当阀芯位移为负时（阀芯向右运动），元件 1 的节流边起节流作用。

我们的仿真目的，是绘制圆柱滑阀在不同开口形式下的流量增益。所谓流量增益曲线，是指横坐标为阀芯位移，纵坐标为通过节流口的阀芯流量。为了在一幅图形上表现整个阀芯左右节流边的流量增益，我们需要使用 Amesim 的 "Post processing" 功能。

如前文所述，完成仿真运行后，选中元件 1，从 "Variables" 选项卡中拖动变量 "flow rate port 1" 到 "Post processing" 窗口中，如图 6-21 所示。

再选择元件 2，从 "Variables" 选项卡中拖动变量 "flow rate port 1" 到 "Post processing" 窗口中，如图 6-22 所示。

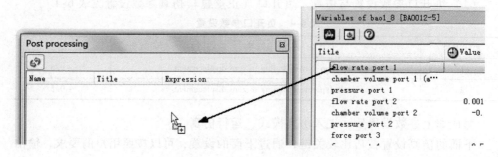

图 6-21　拖动元件 1 变量 "flow rate port 1"

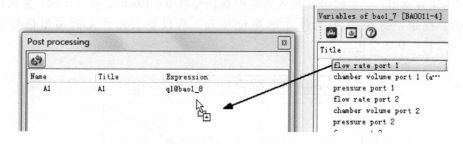

图 6-22　拖动元件 2 变量 "flow rate port 1"

接着在 "Post processing" 选项卡中单击右键，选择 "Add"，如图 6-23 所示。

接着编辑新建变量 "A3" 的表达式选项（"Expression"），编辑字符串为 "- q1 @ bao1 _ 8 + q1 @ bao1 _ 7"。完成整个仿真过程，读者应该能够理解，该表达式字符串的意思是取变量 "q1@ bao1_ 8" 的负值与变量 "q1@ bao1_ 7" 取和。恰好在一幅图形上表达

图 6-23　添加后置处理表达式

了整个流量的变化过程（同时考虑了正负值）。建议读者修改字符串的正负值，体会其用法。编辑完成后如图 6-24 所示。

将表达式 "A3" 拖动到工作空间中，将绘制流量变化曲线，但该曲线还不是我们想要的流量增益曲线，因为其横坐标还只是时间，而不是阀芯位移。我们需要将该曲线图的横坐标设置为阀芯位移。

设置横坐标为阀芯位移的方法比较简单，在本书多次提到过。

首先选择图 6-19 中的元件 4，将 "Variables" 选项卡中的变量拖动到已经绘制

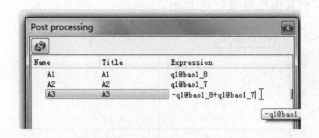

图 6-24 编辑新建变量表达式

的流量曲线上，如图 6-25 所示。

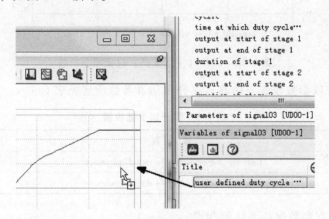

图 6-25 拖动变量

然后单击图形绘制窗口 "AMEPlot" 的菜单 "Tools"，选择 "Plot manager"，展开 "Plot manager" 左侧的树形控件，将变量 "signa03……" 拖动到 "Time [s]" 上，并松开鼠标左键，如图 6-26 所示。

接着删除 "Time [s]" 变量，如图 6-27 所示。

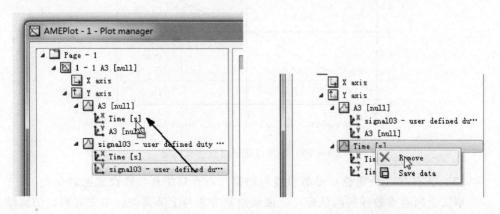

图 6-26 修改横轴　　　　　　　　　　图 6-27 删除多余变量

最后得到的仿真图形如图 6-28 所示。

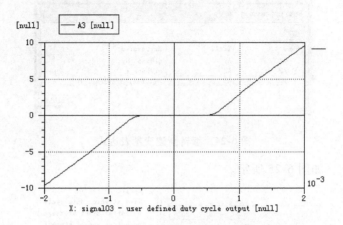

图 6-28　负开口（正重叠）流量增益曲线

（2）零开口参数设置与仿真　零开口仿真参数设置见表 6-4。

表 6-5　零开口参数设置

元件编号	参　　数	值
1	underlap corresponding to zero displacement	0
2	underlap corresponding to zero displacement	0

事实上所有参数保持默认值即可。

曲线绘制方法与上节类似，本文省略，仿真结果如图 6-29 所示。

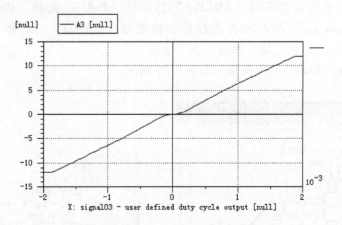

图 6-29　零开口流量增益仿真结果

（3）正开口（负重叠）参数设置与仿真　正开口仿真参数设置见表 6-6。

事实上所有参数保持默认即可。曲线绘制方法与上节类似，本文省略，仿真结果如图 6-30 所示。

表 6-6　正开口参数设置

元件编号	参　数	值
1	underlap corresponding to zero displacement	0.5
2	underlap corresponding to zero displacement	0.5

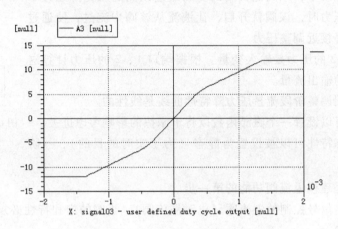

图 6-30　正开口（负重叠）流量增益仿真结果

单击"Plot"菜单"File"，选择"Save data"和"Load data"，可以将上述曲线绘制到同一幅图中，如图 6-31 所示。

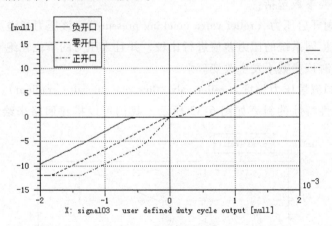

图 6-31　流量增益曲线

6.4　压力控制阀的仿真

6.4.1　溢流阀仿真

1. 基本原理

溢流阀的子模型为 RV000。图标如图 6-32 所示。

　　溢流阀在液压回路中的角色是限制系统的最高压力并保护液压系统中的元件过压。溢流阀也可以被称为压力限制阀、最大压力阀或者安全阀。

　　在初始状态下，该阀是关闭的。当通过该阀的压力降超过了溢流阀调整压力时，该阀就开启，让液流从该阀中流过，使通过该阀的压力降接近调整压力。

　　端口 1、2 的压力是输入变量。根据端口 1、2 的压力计算这两个端口上的输出流量。

　　在溢流阀调整阶段流量压力降特性曲线是线性的。

　　该模型可以设置一个磁滞函数以将干摩擦的影响考虑进去。

　　阀的动态特性可以被设置为静态（为了实时的目的）、一阶或二阶的。

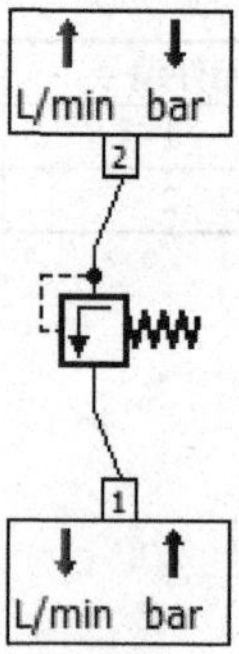

图 6-32　溢流阀子模型图标

　　RV000 是建模溢流阀功能的第一步。

　　RV001 是信号控制的溢流阀（电磁溢流阀）。当阀的饱和特性必须被考虑时应该使用 CV002。

　　溢流阀的详细建模可以使用液压元件设计库（Hydraulic Component Design library）。

　　该阀的主要参数包括：

　　1）溢流阀开启压力（relief valve cracking pressure）。该压力指溢流阀打开时的压力。该参数值同系统的压力差值进行比较，并且当压力的单位在绝对压力和相对压力互相转换时该参数不发生改变。

　　2）溢流阀流量压力梯度（relief valve flow rate pressure gradient）。典型的溢流阀流量压力线性特性的斜率如图 6-33 所示。我们可以搭建回路来绘制这一曲线，

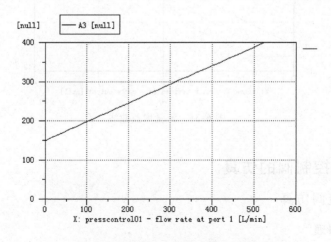

图 6-33　溢流阀流量压力线性特性

以研究 Amesim 中溢流阀的特性。

2. 流量压力特性仿真实例

利用液压库中的元件搭建如图 6-34 所示的仿真草图。

进入子模型模式，对所有元件应用主子模型（Premier Submodel）。

进入参数设置模式，按表 6-7 设置元件参数，其中没有提到的元件的参数保持默认值。

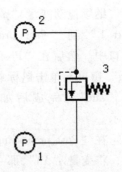

图 6-34　溢流阀流量、压力特性曲线仿真草图

下面对表 6-7 中的参数设置做简单的说明。元件 1、2 模拟溢流阀端口 1、2 的压力，元件 3 为 Amesim 中的溢流阀模型。为了绘制流量压力梯度曲线，需要以流量为横坐标，溢流阀进出口压力差为纵坐标绘制曲线。在本例中，我们保证元件 1 的压力不变，而设置元件 2 的压力线性增加。对于元件 3，只修改其压力梯度的设置，不同的压力梯度值，对应的流量压力曲线的斜率不同。

表 6-7　元件参数设置

元件编号	参　　数	值
1	number of stages	1
2	number of stages	1
	pressure atend of stage 1	400
	duration of stage 1	10
3	relief valve flow rate pressure gradient	2.1

完成上述参数设置后，进入仿真模式。运行仿真。为了绘制溢流阀的流量压力特性曲线，需要利用 Amesim 的后置处理技术（Post processing）。选中元件 3，将变量（Variables）列表框中的变量"pressure at port 2"拖动到"Post processing"窗口中，如图 6-35 所示。

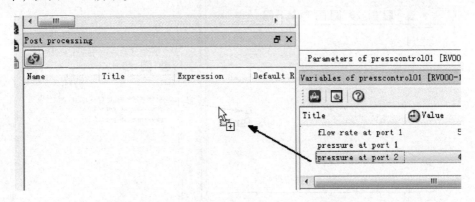

图 6-35　拖动"pressure at port 2"到"Post processing"窗口

　　继续拖动变量 "pressure at port 1" 到 "Post processing" 窗口中。然后在 "Post processing" 窗口上单击鼠标右键，选择 "add"，完成后如图 6-36 所示。

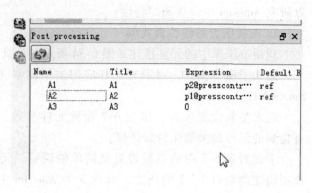

图 6-36　新建标签项

　　在 "Post processing" 窗口中，将变量 "A3" 那一行，修改其 "Expression" 列为 "A1 – A2"，如图 6-37 所示。其意义是在仿真过程中（后），计算变量 A1 与变量 A2 的差值，该值赋值为 A3，正是溢流阀进出口的压差。

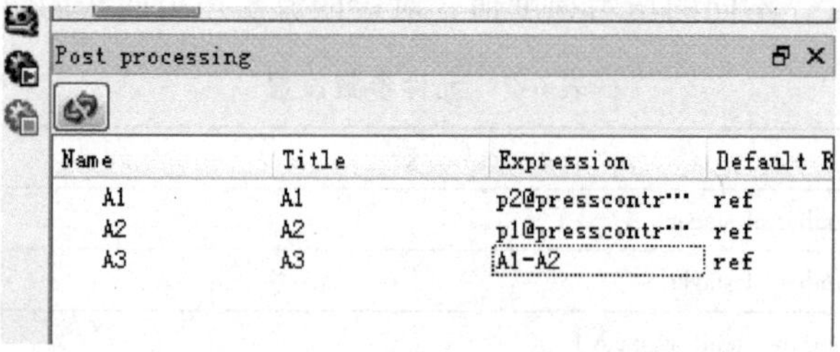

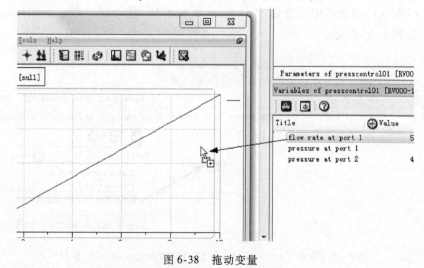

图 6-37　修改后置处理变量

　　拖动 "Post processing" 窗口中的变量 A3 到草图绘制窗口，将弹出进出口压力差随时间变化的曲线图 "AMEPlot"。然后选中图 6-34 中的 2 号元件，将 "Variables" 窗口中的 "flow rate at port 1" 变量拖动到曲线图中，如图 6-38 所示。

图 6-38　拖动变量

选择"AMEPlot"窗口中的菜单【Tools】→【Plot manager】，弹出"Plot manager"对话框，展开左侧的树形控件，如图 6-39 所示。

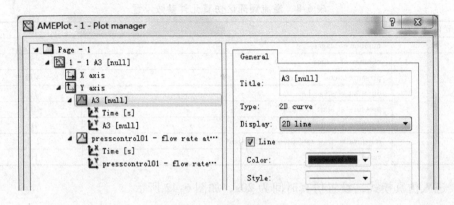

图 6-39　展开树形控件

拖动变量"presscontrol01"到"Time［s］"上，如图 6-40 所示。然后右键用"Remove"删除"Time［s］"分支，如图 6-41 所示。

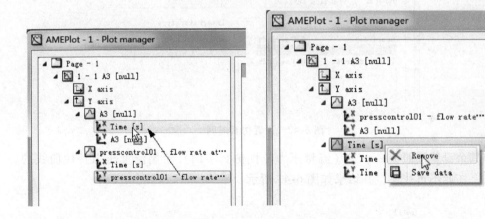

图 6-40　修改横纵坐标　　　　　　　　　图 6-41　删除"Time［s］"分支

单击"OK"按钮，即绘制出流量随压差变化的曲线，如图 6-33 所示。

3. 溢流阀死区（迟滞）仿真

在 Amesim 中，也可以仿真溢流阀的死区现象。其基本方法是设置仿真参数"valve hysteresis"。该参数相当于为溢流阀的打开或关闭附加一个额外的压力。下面我们看看设置该参数后，系统会呈现什么样的特性。

依然搭建如图 6-34 所示的仿真草图，但这次系统的参数设置有所变化，见表 6-8。

从表 6-8 的参数设置可以看出，该表中的参数设置与表 6-7 中的不同主要在元件 2 和元件 3 的参数设置上。元件 2 的压力变化分成了两个阶段，第一阶段，持续时间为 10s，压力从 0bar 变化到 400bar；第二阶段，持续时间也为 10s，压力从

400bar 变化到 0bar。元件 3 的参数设置主要增加了 "valve hysteresis" 参数，设置为 10bar，表示溢流阀的死区压力。

表 6-8　溢流阀死区仿真元件参数设置

元件编号	参　数	值
1	number of stages	1
2	number of stages	2
	pressure atend of stage 1	400
	duration of stage 1	10
	pressure at start of stage 2	400
	duration of stage 2	10
3	relief valve flow rate pressure gradient	2. 1
	valve hysteresis	10

进入仿真模式，设置仿真时间为 20s，如图 6-42 所示。

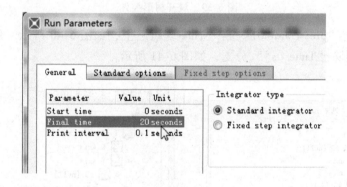

图 6-42　设置仿真时间

其余设置按照上一小节（流量压力特性仿真实例）绘制流量压力特性曲线的方法，在此不再赘述，其结果如图 6-43 所示。

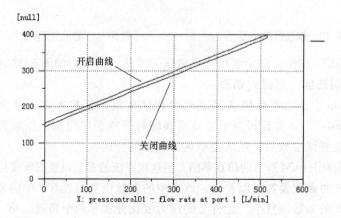

图 6-43　溢流阀的死区特性

从图 6-43 中可以观察到阀开启压力曲线和关闭压力曲线是不重合的，表明了死区特性对溢流阀的开启和关闭压力产生了影响。

4. 溢流阀的动态特性仿真实验

在 Amesim 中，也可以进行溢流阀的动态特性仿真试验。其方法是设置溢流阀子模型参数"valve dynamics"，如图 6-44 所示。

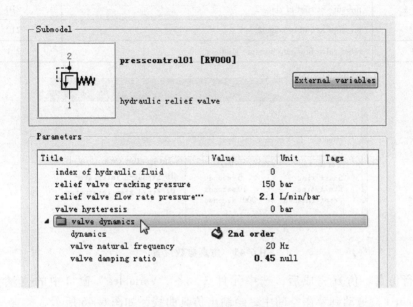

图 6-44　溢流阀动态特性参数

"valve dynamics"这一参数可以设置如下 3 个选项：

（1）no（static）（无）　此选项情况下溢流阀无动态特性。阀只表现静态行为。

（2）1st order（一阶系统）　溢流阀的压力和流量特性的时间响应表现为一阶系统，此时可以设置该一阶系统的时间常数（time constant）。

（3）2nd order（二阶系统）　溢流阀的压力和流量特性的时间响应表现为二阶系统，此时可以设置阀的固有频率（valve natural frequency）和阻尼比（damping ratio）。

仍然可以采用图 6-34 所示的仿真草图，元件的参数可以参考表 6-9 的设置。其中没有提到的参数保持默认值。

从表 6-9 可以看出，溢流阀的动态特性参数（valve dynamics）没有设置，即选的是默认值，无动态特性。而元件 2 在第 5s 时，压力升高到 210bar，相当于加入一个阶跃压力信号。

进入仿真模式，设置仿真时间为 10s，仿真间隔为 0.0001s，如图 6-45 所示。

表 6-9　溢流阀动态特性仿真参数设置

元件编号	参　　数	值
1	number of stages	1
2	number of stages	2
	duration of stage 1	5
	pressure at start of stage 2	210
	pressure at end of stage 2	210
3	relief valve flow rate pressure gradient	2.1

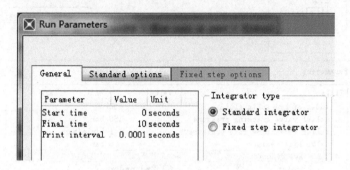

图 6-45　仿真参数设置

运行仿真。仿真完成后，选中元件 3，将"Variables"窗口中的变量"flow rate at port 1"拖动到草图空间中，绘制出仿真曲线，如图 6-46 所示。

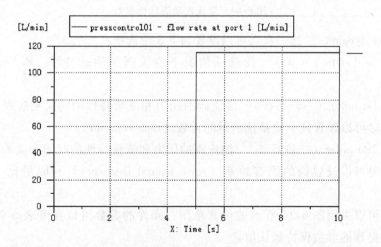

图 6-46　静态特性阶跃响应仿真曲线

为了使动态响应更加明显，在此我们对图 6-46 的横轴进行设置。在该图形的横轴附近双击鼠标左键，弹出"X axis"对话框，确认当前选择的为"Scale"选项卡，勾选掉"Automatic"复选按钮，设置"Min"为 4.9，"Max"为 5.6，如图

6-47所示。单击"OK"按钮，返回"AMEPlot"窗口。

单击【File】→【Save data】菜单，如图 6-48 所示。在弹出的文件窗口中保存当前的绘图数据与某一目录，如图 6-49 所示。将文件起名为"dynamic_ 01. data"。

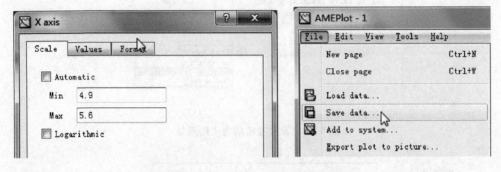

图 6-47　横轴的设置　　　　　　　　　图 6-48　Save data 菜单

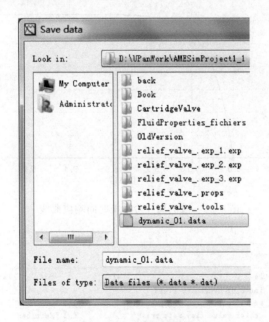

图 6-49　保存绘图数据

返回参数模式，双击元件 3，修改其"valve dynamics"参数，设置为"1st order"，如图 6-50 所示。其余参数不变。

再次进入仿真模式，运行仿真，可以得到如图 6-51 所示溢流阀的一阶时间响应曲线。

同样用"Save data"菜单保存该图形数据文件为"dynamic_ 02. data"。

再次返回参数设置模式，双击元件 3，修改其"valve dynamics"参数如图 6-52所示。注意阀的阻尼比设置为 0. 45。

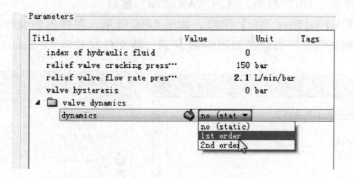

图 6-50　设置溢流阀为 1 阶系统

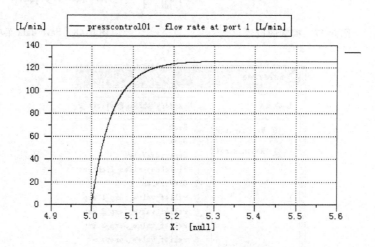

图 6-51　溢流阀一阶系统时间响应曲线

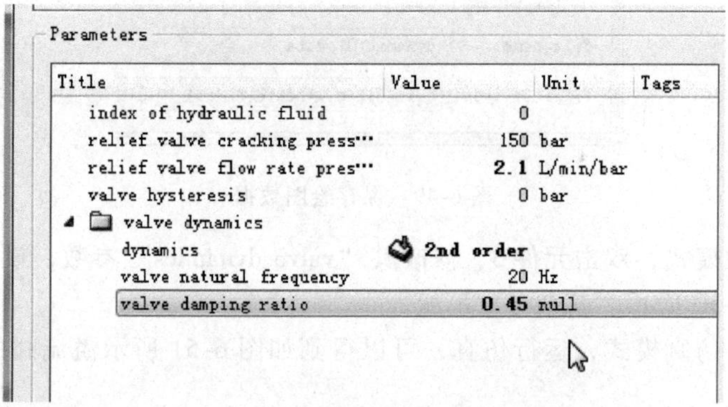

图 6-52　溢流阀二阶系统参数设置

返回仿真模式，运行仿真，得到曲线图，如图 6-53 所示。

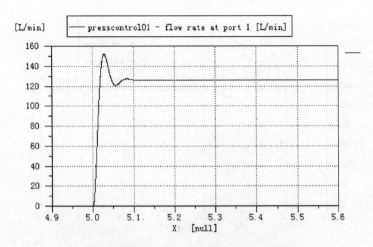

图 6-53　溢流阀二阶特性时间响应曲线

此时选择菜单【File】→【Load data】，选择之前保存的数据文件"dynamic_ 01. data" 和 "dynamic_ 02. data"，如图 6-54 所示。

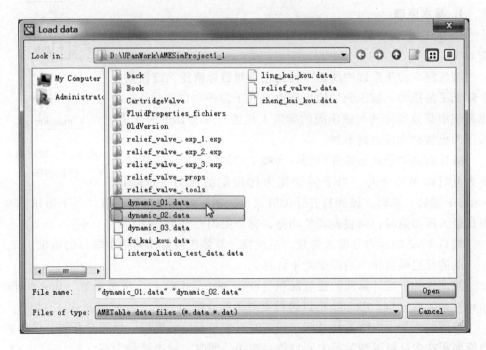

图 6-54　装载数据

通过上面的设置，将溢流阀的静态特性、一阶特性和二阶特性绘制在一张图上。将图形的线型和注解稍加调整，最终的图形如图 6-55 所示。关于线型的修改方法，读者可以参考文献【1】或 Amesim 的帮助文件。

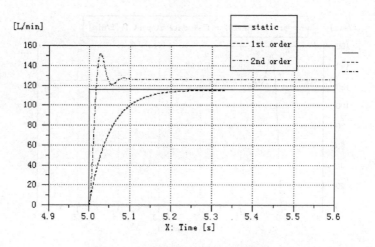

图 6-55　溢流阀动态特性响应曲线

6.4.2　减压阀仿真

1. 基本原理

RV0003 子模型是直动式减压阀的仿真模型，其仿真图标如图 6-56 所示。

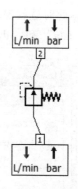

减压阀在液压系统中所扮演的角色是对目标液压系统提供一个降低了的压力。减压阀的输出压力（在下游的端口 2）是一个比系统中其他部分（与减压阀的端口 1 相连）压力都低的压力。减压阀也被称为压力调节阀。

图 6-56　减压阀
仿真图标

减压阀的初始状态是开启的。当阀下游的压力比阀设定降低压力低时阀保持全开。当下游的压力比设定的压力（cracking pressure 参数）高时，该阀打开让油液通过，则下游压力得到调节。当下游压力变得比最大压力高时，阀丧失调节功能，完全关闭。

端口 1、2 的压力是输入变量。系统将计算体积流量作为两个端口的输出。

阀的开启函数作为内部变量来计算。

除此以外，也计算阀的通流面积（cross sectional area）、流量系数（flow coefficient）和流数（flow number）以进行更高级的分析。

该阀的流量压力降特性是阀在调节时可变节流口的模型。当阀全开时，该阀的通流面积在内部被限制为最大开口值。当阀关闭时，输出流量为零。

可以指定一个死区函数来考虑摩擦对阀的开启和关闭的影响。

该阀的动态特性也可以被设置为静态、一阶和二阶特性。

RV0003 是液压调节阀的函数功能模型。

要使该阀正常工作，端口 1 上的输入压力应该比阀的最大压力高。

　　RV004 是更高级的压力调节阀的模型，该模型考虑了射流压力，但是需要额外的几何数据。

　　在 Amesim 的液压库的帮助文件中，展示了压力调节阀的基本使用方法。该仿真文件还带有 3D 动画。更详细的减压阀的仿真模型可以使用液压元件设计库来构建。液压元件设计库中也提供了一个带有几何数据的压力调节阀仿真模型。

2. 主要参数

　　(1) 液压流量索引 (index of hydraulic fluid)　该参数指明了该减压阀与哪一个流体属性图标相联系。

　　(2) 调整压力 (cracking pressure)　在该压力处阀开始关闭 (即进入调整阶段)。

　　(3) 最大压力 (maximum pressure)　在该压力处阀完全关闭。

3. 压力降特性

　　(1) 名义流量 (最大流量) 和名义压力降　阀在最大开口度情况下的压力降特性称为名义压力降。名义流量必须在枚举参数 "压力降测量流体属性" (fluid properties for pressure drop measurement) 条件下给定。

　　(2) 压力降测量流体属性 (fluid properties for pressure drop measurement)　是一个枚举参数，该参数指明流体的密度和黏度如何影响压力降的测量:

　　1) 如果设置为 "from hydraulic fluid at reference conditions"，密度和黏性属性由流体属性参数 "index of hydraulic" 指定大气压力和温度决定。

　　2) 如果设置为 "specified working conditions"，流体的密度和黏性由参数 "working density for pressure drop measurement" 和 "working kinematic viscosity for pressure drop measurement" 指定。

　　(3) 临界流数 (critical flow number，层流→紊流)。该参数是层流到紊流的转换。默认值适合大部分的情况。

　　(4) 阀开口面积比的文件名或表达式 (filename or expression for fractional area = f (xv))。指定阀开口量百分比 (参数 xv) 的文件名或表达式。利用百分比 (fractional area) 和最大开口面积 (maximum area) 计算通流截面面积 (cross sectional area)。

4. 减压阀的流量压力特性仿真

　　下面我们通过仿真实例来绘制减压阀的流量压力特性。

　　首先进入草图模式，利用 Amesim 的液压库创建如图6-57所示的减压阀仿真草图。

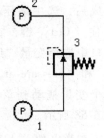

图 6-57　减压阀
仿真草图

　　然后进入子模型模式，为图 6-57 的所有元件应用主子模型。再进入参数设置模式，按表 6-10 设置元件各参数，其中没有提到的元件参数保持默认值。

表 6-10　减压阀流量压力特性仿真参数设置

元件编号	参　　数	值
1	number of stages	1
	pressure at start of stage 1	20
	pressure at end of stage 1	20
2	number of stages	1
	pressure at end of stage 1	14
	duration of stage 1	10

从表 6-10 的参数设置可以看出，元件 1、2 的目的是模拟减压阀入口和出口的压力。因为没有列出元件 3 的参数设置，说明元件 3 的所有参数保持默认。

对于元件 3 来说，虽然其参数全部保持默认，但有几个参数需要注意其默认值。第一个参数是"cracking pressure（spring pre-tension）"，如本节前面叙述，该值是减压阀的调整压力（即弹簧调整力），当超过该压力时，减压阀开始起作用；第二个参数是"maximum pressure"，如前所述，当减压阀的下游（出口）压力超过该值时，减压阀完全关闭。

从表 6-10 可见，元件 2 的"pressure at end of stage 1"的设置值为 14bar，说明元件 2 的压力变化为在 10s 内从 0bar 升高到 14bar，这样减压阀经历从完全开启→减压调节→完全关闭这样一个过程。

元件 1 的作用是为减压阀提供上游（入口）压力，同样从前面的减压阀工作原理分析可知，减压阀的入口压力应该高于其最大压力（即参数"maximum pressure"），在本仿真实例中，该值设定为 20bar，如表 6-10 所示。

参数设置完成后，即可进入仿真模式，运行仿真。仿真运行完成后，选中减压阀（元件 3），按住"Ctrl"键，在"Variables"窗口中选择变量"flow rate at port 2"和"pressure at port 2"，将这两个变量拖动到草图窗口中，如图 6-58 所示。

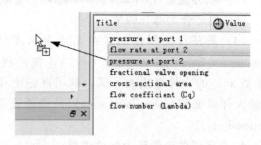

图 6-58　拖动变量

在弹出的"AMEPlot"窗口中，选择菜单【Tools】→【Plot manager】，弹出"Plot manager"对话框。展开左侧的树形控件，拖动"pressure_ reducer01-flow rate at port 2［L/min］"到"Time［s］"上，如图 6-59 所示。然后删除"Time［s］"分支，如图 6-60 所示。

得到减压阀的流量压降特性曲线如图 6-61 所示。

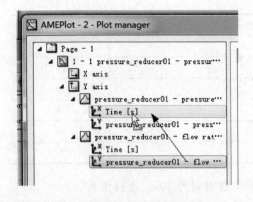

图 6-59　修改横纵坐标变量

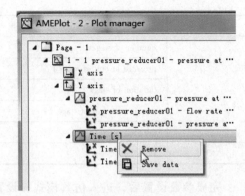

图 6-60　删除分支

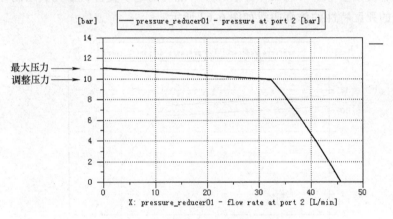

图 6-61　减压阀流量压降特性曲线

从图 6-61 可以看出，在减压阀端口 2 的压力从 0bar 到 14bar 逐渐升高的过程中，当压力小于 10bar 时，减压阀不起减压作用；当压力大于 10bar、小于 11bar 时，减压阀起减压作用，通过减压阀的流量基本不变；而端口 2 的压力超过 11bar 时，减压阀完全关闭。随着压力的升高，曲线的变化方向是从右向左的。

5. 减压阀的死区（迟滞）仿真

减压阀的死区仿真草图与图 6-57 相同。只是参数设置有所不同。

减压阀死区仿真的参数设置见表 6-11。

表 6-11　减压阀死区仿真参数设置

元件编号	参　　　数	值
	number of stages	1
1	pressure at start of stage 1	20
	pressure at end of stage 1	20

（续）

元件编号	参　　数	值
2	number of stages	2
	pressure at end of stage 1	14
	duration of stage 1	10
	pressure at start of stage 2	14
	duration of stage 2	10
3	valve hysteresis	1

完成参数设置后，进入仿真模式，设置仿真时间为 20s。运行仿真。

然后参照上一小节的方法设置图形绘制选项，限于篇幅，本书不再列写其操作过程，读者可以参考上节的操作方法和本书配套的电子文件，研究其绘制方法。最终减压阀的死区特性的仿真曲线如图 6-62 所示。

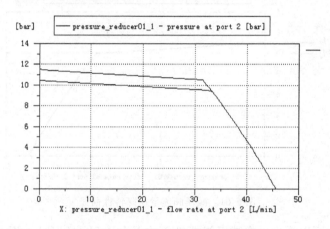

图 6-62　减压阀死区特性仿真曲线图

6. 减压阀的动态特性仿真

减压阀的动态特性仿真方法和溢流阀类似，本节省略。

6.4.3　顺序阀仿真

1. 基本原理

顺序阀仿真图标如图 6-63 所示。

HV001 是通用 2 端口阀模型。该阀有 3 个压力控制端口，在常态下为关闭。

该阀 2 号端口所扮演的角色是同其他元件相配合以模拟多种液压阀，例如溢流

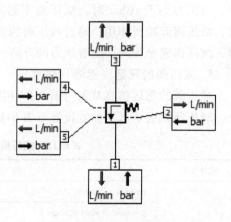

图 6-63　顺序阀仿真图标

阀（pressure relief valves）、先导控制溢流阀（pilot operated pressure relief valves）、顺序阀（sequence valve）、平衡阀（counterbalance valve）、外控平衡阀（over-center valve）和 3 位流量控制阀（3-way flow control valve）。

HV001 是一个带有两个主液压油口的常闭阀，阀的输入端口是端口 1，输出端口是端口 2。

另外的 3 个液压先导控制端口是用虚线表示的，这些端口用来输入控制压力。先导控制口的排布可以是压力通在端口 4、5（与阀的弹簧相对）或者相反（压力通在端口 2）。先导压力所作用的有效面积也是可以更改的，这在仿真平衡阀或外控平衡阀时非常有用。

阀在初始状态下是关闭的。阀的打开或关闭完全由先导压力之间的平衡、弹簧的预压缩量和阀全开时所需要的压力来决定。

端口 1、3 上的输入压力是输入变量，端口 2、4 和 5 上的先导压力也是输入变量。

体积流量是端口 1 上计算得到的变量。注意：先导口（端口 2、4 和 5）上的体积流量总是零。

阀开口的百分数是作为一个内部变量计算的。

除此以外，仿真过程中也计算通流面积、流量系数和流数以进行更高级的分析。

在阀工作过程中的流量压力特性是按照可变孔口来进行模拟的。当阀完全打开时，有效通流面积被限制为阀的最大开口。当阀关闭时，输出的流量是零。

也可以为阀指定死区特性以模拟摩擦的影响。

阀的动态特性可以被设置为静态、一阶或二阶的。

2. 主要参数

（1）液压流体索引（index of hydraulic fluid） 该参数与流体图标索引相对应。

（2）弹簧预压缩量（spring pre-tension） 阀开启时的压力。

（3）阀完全开启时先导压力（pilot pressure required to open the valve fully） 完全打开阀在弹簧预压缩量基础上所需要的额外压力。

（4）无量纲先导压力有效面积（dimensionless area for pilot pressure） 由先导压力产生的影响阀开口量的比例系数。

3. 压力降特性

（1）阀全开时的名义流量（nominal flow rate at fully opened valve）和名义压力降（nominal pressure difference） 该参数是阀在最大开口时的压力降特性。阀在完全打开时的名义流量必须由枚举参数"fluid properties for pressure drop measurement"所定义的条件下给定。

（2）压力降测量流体属性（fluid properties for pressure drop measurement） 它是一个枚举参数，指明流体的密度和黏度如何影响压力降的测量：

1）如果设置为"from hydraulic fluid at reference conditions"，密度和黏性属性由流体属性参数"index of hydraulic"指定大气压力和温度决定。

2）如果设置为"specified working conditions"，流体的密度和黏性由参数"working density for pressure drop measurement"和"working kinematic viscosity for pressure drop measurement"指定。

（3）阀开口面积比的文件名或表达式（filename or expression for fractional area = f (xv)）　指定阀开口量百分比（参数 xv）的文件名或表达式。利用百分比（fractional area）和最大开口面积（maximum area）计算通流截面面积（cross sectional area）。

4. 其他参数

（1）阀死区（valve hysteresis）　该参数表明打开或关闭阀所需要的附加压力的差值。

（2）阀的动态特性（valve dynamics）　阀的动态特性参数的设置方法和溢流阀、减压阀类似。

5. 阀开口量的仿真

液压 2 端口阀有多种方式可以组合成复合阀，以实现多种压力控制功能。下面将逐一介绍其仿真方法。

值得说明的是，在下面的仿真实例中，所有的油箱子模型 TK000 都是 0 压力源。当仿真模型的先导压力口不需要压力时可以用 TK000 来连接。模型中所有的重要参数都要显示列出。所有列出的参数都不是默认值。

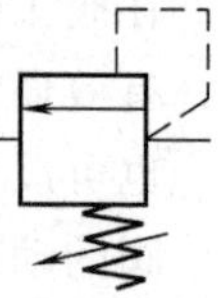

6. 直动式溢流阀仿真

可以用 HV001 子模型来模拟直动式溢流阀，此时输入口 P 作为与弹簧力相比较的控制压力。

直动式溢流阀的图形符号如图 6-64 所示。

图 6-64　直动式溢流阀的图形符号

可以用通用液压两端口阀来仿真该直动式溢流阀。由图 6-64 所示直动式溢流阀的工作原理可知，直动式溢流阀需要将入口压力和弹簧力相比较，以决定阀是打开还是关闭。根据这一特性，我们可以将图 6-63 中的 4 号端口与溢流阀的主油口 3 号端口相连，建立如图 6-65 所示的仿真回路。图中 1、2 和 3 号元件都直接接油箱，压力为 0bar，4 号元件将阀的 4 号端口和 3 号端口相连接，以模拟直动式溢流阀的工作原理。

建立完仿真草图后，进入子模型模式，为所有的元件应用主子模型。

然后进入参数模式，按表 6-12 设置元件参数，其中没有提到的元件的参数保持默认值。

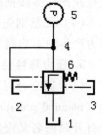

图 6-65　直动式溢流阀仿真草图

表 6-12　直动式溢流阀仿真草图参数设置

元件编号	参　　数	值
5	number of stages	1
	pressure at end of stage 1	20
	duration of stage 1	10
6	pilot pressure required to open the valve fully	5
	dimensionless area for pilot pressure at port 2	0
	dimensionless area for pilot pressure at port 5	0

　　从表 6-12 的参数设置可以看出，除了弹簧的预压缩量所需要的压力外（该参数为默认值 10bar），本仿真实例阀完全开启的先导压力为 5bar（参数"pilot pressure required to open the valve fully"），这样所建立的直动式溢流仿真模型的开启压力是 10bar，完全开启压力是 15bar（包括弹簧力和先导力），这两个值可以从仿真结果中得到验证。

　　完成参数设置后，进入仿真模式，所有仿真参数保持默认，运行仿真。

　　仿真完成后，选中元件 6，在"Variables"窗口中将变量"flow rate at port 1"拖动到草图窗口中，绘制流量随时间变化的曲线 AMEPlot；再选中元件 5，将元件 5 的"Variables"窗口中的变量"user defined duty cycle pressure"拖动到同一变化曲线图 AMEPlot 中。然后按照前几节的方法，利用 AMEPlot 的菜单【Tools】→【Plot manager】，将曲线的横、纵坐标分别修改为流量和压力，关于详细的设置方法，读者可以参考文献【1】或本书 6.4.2 节按照本书的方法，可以绘制阀的特性曲线如图 6-66 所示。

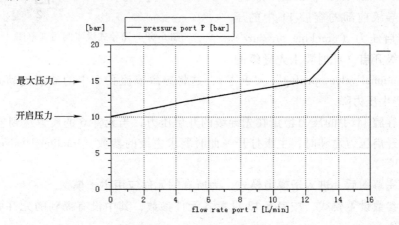

图 6-66　阀的特性曲线

　　从图 6-66 可以看出，该直动式溢流阀的开启压力（cracking pressure）是 10bar，最大压力（maximum pressure）是 15bar（该参数都标注在图中）。

　　该仿真实例所仿真的直动式溢流阀与 RV000 子模型所仿真的直动式溢流阀是不相同的，其不同有以下几点：

1）RV000 子模型将油箱压力同作用在滑阀上的力相平衡，虽然大部分时间 RV000 是直接连接到 0 压力源上的。

2）RV000 的死区模型更加简单。而本实例的仿真模型是基于孔口的模型，该孔口模型是由压力降特性和最大开口量决定的。

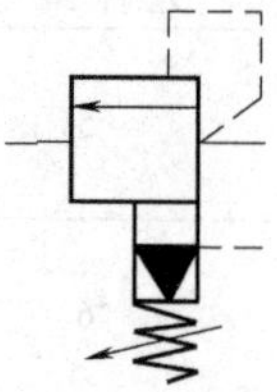

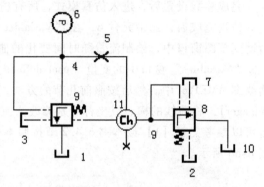

图 6-67　先导式溢流阀的图形符号

7. 先导控制溢流阀仿真

先导式溢流阀的主级和先导级是分别用两个 HV001 元件来进行仿真的。溢流阀的先导级有两种形式，分别为内部泄漏和外部泄漏。

先导式溢流阀的图形符号如图 6-67 所示。

本例我们仿真一个外部泄漏的先导式溢流阀。

进入草图模式，搭建如图 6-68 所示的仿真草图。

其中元件 8 和 9 分别模拟先导式溢流阀的先导级和主级。元件 11 模拟先导阀和主阀之间的容腔，元件 5 模拟节流孔。

值得注意的是，主级的弹簧刚度要低于先导级的弹簧刚度。

该阀只要先导级保持关闭，主级上的控制压力就是保持平衡的。此时，主级是关闭的，即主阀的开口量分数（fractional valve opening）为 0。

当先导级前部的容腔 11 中的压力达到开启压力（cracking pressure）时，先导级开启（此时要求先导级的

图 6-68　先导式溢流阀仿真草图

参数 "fractional valve opening" 大于零），这将导致节流孔 5 中的油液流动并在容腔 11 处产生压力降。

然后容腔 11 中的压力稳定在先导级的开启压力，当元件 6 的压力达到容腔 11 和主级的开启压力之和时，主级打开（此时要求主级的参数 "fractional valve opening" 大于零）。

建立完草图后，进入子模型模式，为所有的元件应用主子模型。

进入参数设置模式，按表 6-13 设置各元件参数，其中没有提到的元件的参数保持默认值。

表 6-13　先导式溢流阀仿真参数设置

元件编号	参　　　数	值
5	equivalent orifice diameter	1
6	number of stages	1
	pressure at end of stage 1	140
	duration of stage 1	10

（续）

元 件 编 号	参　　数	值
8	spring pre-tension	90
	dimensionless area for pilot pressure at port 2	0
	dimensionless area for pilot pressure at port 5	0
9	pilot pressure required to open the valve fully	5
	dimensionless area for pilot pressure at port 5	0

从表 6-13 的参数设置可以看出，元件 5 的阻尼孔直径应该设置一个较小的值（本例为 1mm），这样才能仿真出先导式溢流阀的特性。先导阀 8 的弹簧力设置为 90bar，表明阀的开启压力为 90bar；而主阀 9 的弹簧力保持为默认值 10bar（由于是默认值，本表未列入）。先导孔的无量纲通流面积分别根据需要设置为 0 或 1，如果为 0，表示该端口和油箱相连，如果保持默认值，表明该端口的压力参与对阀芯的控制作用。

完成参数设置后，进入仿真模式，运行仿真。

选中元件 9，将其"Variables"窗口中的"flow rate at port 1"参数拖动到草图窗口中，再选择元件 6，将描述压力变化的变量"user defined duty cycle pressure"拖动到同一个 AMEPlot 窗口中。

然后通过菜单【Tools】→【Plot manager】，分别修改图形的横、纵坐标为流量和压力。关于修改方法，本书已经多次介绍，读者可以参考文献【1】或本书 6.4.2 节进行设置。

修改之后的仿真图形如图 6-69 所示。

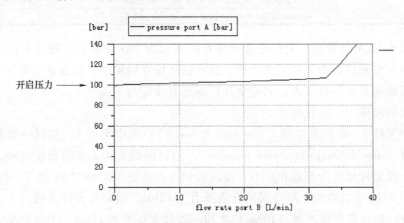

图 6-69　先导式溢流阀流量压力特性仿真曲线

8. 顺序阀仿真

直动式顺序阀可以用带有一个单向阀的 HV001 模型来模拟。当入口压力达到顺序阀的开启压力时，油液通过顺序阀流动。端口 1 的压力与泄漏压力（端口 3）相关。

带旁通阀的顺序阀的图形符号如图 6-70 所示。

搭建如图 6-71 所示的仿真草图。

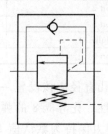

图 6-70　带旁通阀的顺序阀的图形符号

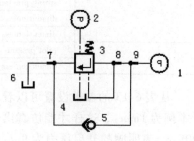

图 6-71　单向顺序阀仿真草图

进入子模型模式，为所有元件应用主子模型。

进入参数设置模式，按表 6-14 设置元件参数，其中没有提到的元件的参数保持默认值。

表 6-14　单向顺序阀仿真参数设置

元 件 编 号	参　　　　数	值
1	number of stages	1
	pressure at end of stage 1	20
	duration of stage 1	10
6	number of stages	1
	pressure at start of stage 1	2
	pressure at end of stage 1	2
3	pilot pressure required to open the valve fully	5
	dimensionless area for pilot pressure at port 5	0

从表 6-14 可以看出，我们设置元件 6 的压力为 2bar，则顺序阀开启的压力为弹簧预压缩量和端口 2 上的压力之和，这可以从仿真结果中得到验证。元件 3 的弹簧预压缩量还是保持默认值。阀完全开启的压力设定为 5bar。

进入仿真模式，运行仿真。

选中元件 3，绘制其变量 "flow rate at port 1"；选中元件 1，在同一幅图中绘制其变量 "user defined duty cycle pressure"，然后按照 6.4.2 节的设置方法，将图形的横、纵坐标修改为流量和压力，修改后的仿真曲线如图 6-72 所示。

从图 6-72 可以看出，顺序阀的开启压力为 12bar，恰好是元件 3 端口 2 上的压力（2bar）和弹簧预压缩量（10bar）之和。而最大压力为 17bar，为先导压力、弹簧压力和端口 2 上的压力之和。

9. 外控顺序阀仿真

拥有内部和外部先导控制的顺序阀是用 HV001 模型和一个单向阀组成的。该顺序阀的先导控制压力可以通过 HV001 子模型参数 "dimensionless area for pilot pressure at port 5" 进行设置。

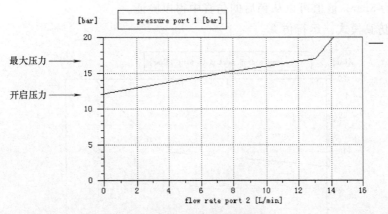

图 6-72　单向顺序阀仿真曲线

外控顺序阀的图形符号如图 6-73 所示。

搭建如图 6-74 所示的外控顺序阀仿真草图。

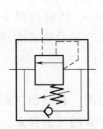

图 6-73　外控顺序阀的图形符号

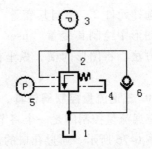

图 6-74　外控顺序阀仿真草图

草图建立完成后，进入子模型模式，对所有元件应用主子模型。

然后进入参数设置模式，按表 6-15 设置各元件的参数，其中没有提到的元件的参数保持默认值。

表 6-15　外控顺序阀仿真参数设置

元件编号	参　　数	值
2	pilot pressure required to open the valve fully	2
	dimensionless area for pilot pressure at port 2	0
3	number of stages	1
	pressure at end of stage 1	20
	duration of stage 1	10
5	number of stages	1
	pressure at start of stage 1	2
	pressure at end of stage 1	2

从表 6-15 中的参数设置可以看出，我们设置顺序阀的弹簧预压缩量为 10bar（默认值，表中未显示），完全开启的先导压力为 2bar；而元件 5 的外部控制压力保持为 2bar。这样顺序阀的开启压力为弹簧预压缩量 10bar 减去外部控制压力

2bar，即为 8bar，该值可以从稍后的仿真中得以验证。

进入仿真模式，运行仿真。

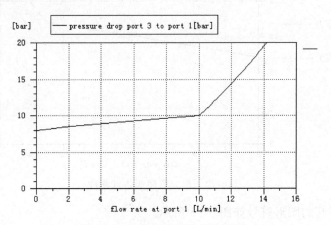

图 6-75　外控顺序阀仿真曲线图

选择元件 2，绘制其变量"flow rate at port 1"的曲线；再选择元件 3，在同一幅图形中绘制其变量"user defined duty cycle pressure"，然后按照 6.4.2 节的设置方法，将图形的横、纵坐标修改为流量和压力，修改后的仿真曲线如图 6-75 所示。

10. 三通流量控制阀仿真

三通流量控制阀是一个将节流孔和 HV001 相并联的阀。典型的三通流量控制阀如图 6-76 所示。通过孔口的恒定的压力降保证了端口 B 的流量恒定。端口 B 或 A 上的负载变化都由 HV001 进行调节。

注意端口 A 上需要有足够的压力和流量以用来调整端口 B 处的流量。

要在 Amesim 中进行三通流量阀的仿真，可以建立如图 6-77 所示的仿真草图。

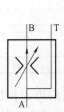

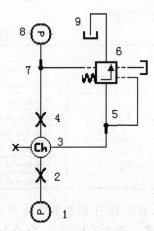

图 6-76　三通流量控制阀原理　　　　　　图 6-77　三通流量阀仿真草图

图 6-77 中的元件 1 和 8 模拟加载在三通节流阀两端的压力差，元件 6 为 HV001。
进入子模型模式，将所有元件应用主子模型。

然后进入参数模式，按表 6-16 设置各元件参数，其中没有提到的元件的参数
保持默认值。

表 6-16　三通流量阀仿真参数设置

元 件 编 号	参　　　　数	值
	number of stages	1
1	pressure at end of stage 1	100
	duration of stage 1	10
6	pilot pressure required to open the valve fully	2
	dimensionless area for pilot pressure at port 5	0
	number of stages	1
8	pressure at end of stage 1	40
	duration of stage 1	10

从表 6-16 可以看出，元件 1 和 8 之间的压力差逐渐增大，最大达到 60bar，该
值与弹簧力相平衡。

进入仿真模式，运行仿真。

选择元件 6，绘制其变量 "flow rate at port 1"；然后参照 6.4.1 节的创建后置
处理变量的方法，将元件 1 和 8 之间的差值（经后置处理）变量拖动到同一 AME-
Plot 窗口中，由于操作方法类似，读者可参考 6.4.1 节，此处不再赘述。仿真结果
曲线如图 6-78 所示。

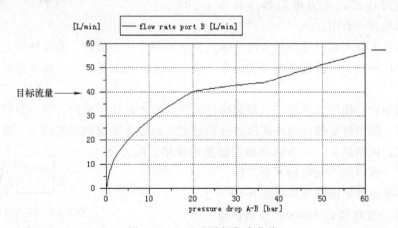

图 6-78　3 通流量阀仿真曲线

从图 6-78 可以看出，当 A、B 口之间的压力降达到足够大时，通过 HV001 节
流孔口的压力降基本与弹簧力相平衡。

6.4.4　压力继电器仿真

压力继电器是将压力转换成电信号的液压元器件，客户根据自身的压力设计需

要，通过调节压力继电器，实现在某一设定的压力时，输出一个电信号的功能。

1. 工作原理

压力继电器又称压力开关，它是利用液体压力与弹簧力的平衡关系来启闭电气微动开关（简称微动开关）触点的液压电气转换元件，在液压系统的压力上升或下降到由弹簧力预先调定的启闭压力时，使微动开关通断，发出电信号，控制电气元件（如电动机、电磁铁、各类继电器等）动作，用以实现液压泵的加载或卸荷、执行器的顺序动作或系统的安全保护和互锁等功能。压力继电器由压力位移转换机构和电气微动开关等组成。前者通常包括感压元件、调压复位弹簧和限位机构等。有些压力继电器还带有传动杠杆。

压力继电器是利用液体的压力来启闭电气触点的液压电气转换元件。当系统压力达到压力继电器的调定值时，发出电信号，使电气元件（如电磁铁、电动机、时间继电器、电磁离合器等）动作，使油路卸压、换向，执行元件实现顺序动作，或关闭电动机使系统停止工作，起安全保护作用等。

按感压元件的不同，压力继电器有柱塞式、膜片式、弹簧管式和波纹管式四种结构形式。下面对柱塞式压力继电器（见图 6-79）的工作原理作一介绍：

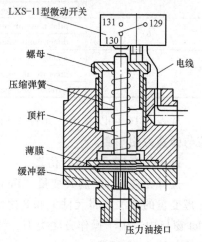

图 6-79　压力继电器的工作原理

当从继电器下端进油口进入的液体压力达到调定压力值时，推动柱塞上移，此位移通过杠杆放大后推动微动开关动作。改变弹簧的压缩量，可以调节继电器的动作压力。

应用场合：用于安全保护、控制执行元件的顺序动作、泵的启闭、泵的卸荷。

注意：压力继电器必须放在压力有明显变化的地方才能输出电信号。若将压力继电器放在回油路上，由于回油路直接接回油箱，压力也没有变化，所以压力继电器不会工作。

压力继电器的图形符号如图 6-80 所示。

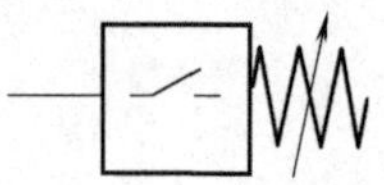

图 6-80　压力继电器
图形符号

2. 压力继电器的 Amesim 仿真模型

为了在 Amesim 中仿真压力继电器的工作过程，考虑图 6-81 所示用压力继电器限制液压缸最大工作压力回路。

如图 6-81 所示，当电磁铁 YA_1 得电时，液压缸向下运动，当接触工件后，液压缸上腔中的压力上升，适当调整压力继电器 P_1 的设定值，当液压缸上腔中的压力超过预定值后，压力继电器动作，使换向阀切换，活塞向上移动。通过设置压力继电器的设定值，使液压缸上腔的压力不会超过压力继电器限定的数值。

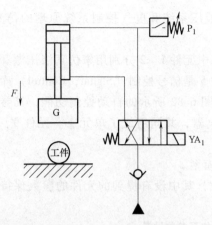

图 6-81　用压力继电器限制
液压缸最大工作压力

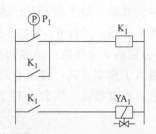

图 6-82　压力控制继电器-
接触器控制回路

从上面的工艺过程可以看出，压力继电器要能发挥作用，能控制电磁铁 YA_1，必须要有继电器-接触器控制系统与其相配合，当然也可以与 PLC 相配合，两者的基本原理是一致的。在本例中，我们以继电器-接触器控制系统为例。根据前面描述的工艺过程，有如图 6-82 所示继电器-接触器控制回路，其中 P_1 为压力继电器开关；K_1 为中间继电器，用来实现自锁及对电磁铁 YA_1 的控制。关于继电器-接触器控制原理，读者可以参考相关书籍，本书省略。

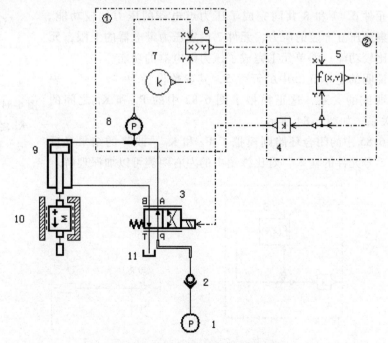

图 6-83　压力继电器控制仿真草图

　　借助 Amesim 仿真软件，完全能够实现液压系统和电气控制系统原理的仿真，下面我们来看看仿真过程。

　　首先搭建如图 6-83 所示的仿真草图。其中元件 1、2 分别用来仿真液压源和单向阀；元件 3 仿真二位四通换向阀；元件 4、5 是信号控制（Signal，Control）库中的元件，共同组成了单元②，该单元实现了图 6-82 所示的自动控制功能，其参数设置稍后介绍；元件 6、7 和 8 仿真压力继电器，共同组成了单元①。元件 9、10 和 11 分别仿真液压缸、负载和油箱。

　　进入子模型模式，将所有元件应用主子模型。

　　进入参数模式，按表 6-17 设置元件参数，其中没有提到的元件的参数保持默认值。

表 6-17　压力继电器仿真参数设置

元 件 编 号	参　　　　数	值
1	number of stages	1
	pressure at start of stage 1	150
	pressure at end of stage 1	150
4	value of gain	40
5	expression for output in terms of x and y	x∣∣y
7	constant value	130
9	piston diameter	75
	rod diameter	50
10	mass	10
	lower displacement limit	0
	higher displacement limit	0.2

　　其中元件 6、7 和 8 共同完成了压力继电器的压力比较功能。元件 8 采集液压缸上腔的压力，元件 7 设定压力继电器的上限，元件 6 完成比较功能。即单元①完成了压力继电器的功能。

　　值得说明的是单元②中的元件 5，其参数设置为 "$x \parallel y$"，表示 x 和 y 取或的关系，这正模拟了图 6-82 中的 P_1 和 K_1 之间的 "或" 的关系，如图 6-84 所示。

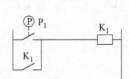

图 6-84　P_1 与 K_1 之间的 "或" 的关系

　　而图 6-85 中的闭合环路则模拟了 P_1 和 K_1 "或" 的结果又反过来控制 5 号元件的输入，对比该图中的左右两侧可以加深理解。

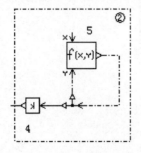

图 6-85　逻辑控制关系

仿真草图的其余部分都比较简单，不再进行赘述。

进入仿真模式，运行仿真。

绘制 10 号元件的位移变量（displacement port 1），如图 6-86 所示。可见液压缸先伸出，然后又缩回。

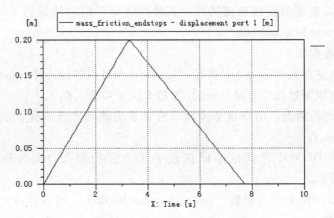

图 6-86　压力继电器仿真位移图

绘制 8 号元件的信号输出（signal output），如图 6-87 所示。从该图中可以看出当液压缸遇到负载后，压力上升到 130bar，压力继电器发信，液压缸后退。

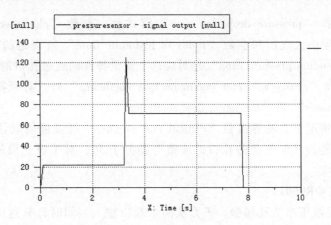

图 6-87　压力继电器信号输出

6.5　流量控制阀的仿真

6.5.1　节流孔的仿真

普通节流阀的仿真图标如图 6-88 所示。该仿真图标包含多种子模型，本节将对这些子模型——进行介绍。

1. 子模型 OR0000

子模型 OR0000 称为"指定流数（flow number）的固定液压节流孔"。该子模型允许压力从任意一个端口流入，并同时计算这两个端口的流量输出。

该孔口可以表现层流或紊流特性，其转换决定于用户给定的临界流数（critical flow number）。

有两种操作模式：

1）用户给定在大气压力下的流量（L/min）和对应的压力降（bar）。

2）用户给定等效孔口直径（mm）和最大流量系数（C_q）。

对于以上两种情况，用户也必须同时给定从层流到紊流变化的临界流量速率（critical flow rate）。

OR0000 与 OR0002 之间的不同仅在于水力直径和孔口截面积。可以使用 OR0000 模拟圆形。

在 OR0000 子模型中，参数"index of hydraulic fluid"指放置在草图窗口中的图标的流体类型。

参数"parameter set for pressure drop"允许用户设置等效通流面积是从"pressure drop/flow rate"计算得到，还是从"orifice diameter/maximum flow coefficent"计算得到：

1）当选择"pressure drop/flow rate"模式后，参数"characteristic flow rate［L/min］"必须由大气压和参数"index of hydraulic fluid"所指定的温度来给定。参数"corresponding pressure drop"是对应这个流量特性的通过孔口的压力降。

2）当选择"orifice diameter/maximum flow coefficent"时，必须指定"equivalent orifice diameter"和"maximum flow coefficient"。

在大部分情况下，临界流数（cirtical flow number）可以保留默认值 1000。但是，对于拥有复杂几何形状的孔口，该值可能低于 50；对于极光滑的孔口，该值可能高达 50000。

2. 子模型 OR0001

OR0001 是液压节流孔模型。压力从两个端口输入，同时计算这两个端口输出的流量。

用户必须提供在压力降下的流量特性。有两种方法设置这一特性：

1）输入以压力降 dp 为自变量的流量 Q 的表达式。

2）输入一个保存了成对的压力 dp 和流量 Q 为 ASCⅡ 格式的文本文件的文件名。

可以用该子模型模拟非标准的节流孔，如冷却器、过滤器。

3. 子模型 OR0002

OR0002 是孔口子模型。压力从两个端口输入，同时从这两个端口计算输出流量。

该孔口可以具有层流和紊流的特性，其转换取决于用户给定的临界流数。

有两种操作模式可供选择：

1）用户给定在大气压力下的流量及其对应的压力降。

2）用户给定节流口面积、水力直径和最大流量系数。

对于以上两种情况，用户也必须同时给定从层流到紊流变化的临界流数（critical flow rate）。

OR0002 和 OR0000 之间只是水力直径和孔口面积两个参数不同。通常用 OR0002 模拟非圆孔口。

4. 子模型 OR004

OR004 是短管（short tube）子模型。压力从两个端口输入，同时从这两个端口计算输出流量。

该孔口有层流和紊流两种特性，其转换是由管道的长径比所定义的流数决定的。而流量系数表示为流数和管道的长径比的函数（$Cq = f$（lambda，r））。

可以用该子模型代表短管出流，特别是在层流状态下。

使用该子模型，用户需要提供管道的长度、水力直径和截面积。

短管的长径比的有效数据范围是 0.5 ~ 10，超过这个范围，将采用默认的极值。

参数"index of hydraulic fluid"由草图上的流体属性图标定义。

5. 子模型 OR005

OR005 计算通过层流阻尼孔的流量。压力从两个端口输入，同时从两个端口计算流量。

可以使用三种类型的几何体：矩形、同心和偏心。孔的长度是定值。

孔内部的流动状态假定为层流（如果不满足此条件时将显示警告信息）。流量与压力差成正比，与绝对黏度和孔的长度成反比。如果孔口的有效几何间隙保持很小，那么层流的假设是合理的。

当层流阻尼孔的几何形状为矩形、同心、偏心或模拟泄漏时，可以使用该子模型。

枚举变量"orifice type"（孔口类型）允许用户选择孔口的几何形状。仿真草图的图标随着该参数的变化而变化，用户需要根据所做出的选择决定对应的参数。

1）▨ flat（平行缝隙）。此时孔口类型为矩形。当选用此种类型时，要设置缝隙的宽度 b 和高度 δ，如图 6-89 所示。

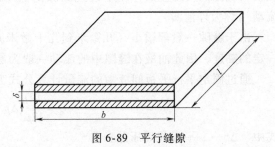

图 6-89　平行缝隙

2）![concentric] concentric（同心）。此时孔口类型为同心环形孔口。当选用此种类型的孔口时，需要设置环形的内部直径 d 和外部直径 D，如图 6-90 所示。

3）![eccentric] 偏心（eccentric）。此时孔口类型为偏心环形孔口，需要设置的参数包括内部直径 d、外部直径 D 和偏心比 ε（$0 < \varepsilon < 1$），如图 6-91 所示。

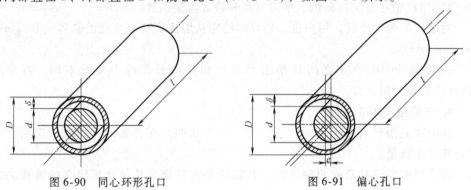

图 6-90　同心环形孔口　　　　　　　图 6-91　偏心孔口

注意，偏心量 e 可以用下式计算

$$e = \varepsilon \cdot \frac{D - d}{2} \tag{6-5}$$

无论选择哪种孔口类型，用户必须要设置孔口的长度 l。

参数"index of hydraulic fluid"要与草图中所定义的流体属性图标索引一致。

6. 子模型 OR006

OR006 是孔口子模型。压力从两个孔口中输入，同时计算两个孔口的流量。用来计算流量的流量系数（flow coefficient）由用户用表达式或 ASCII 文件指定。

有两种模式可供选择：

1）用户指定大气压下的流量及其对应的压力降。

2）用户提供等效的水利直径。

OR006 与 OR000 之间的不同在于流量系数不是由子模型计算得到的，而是由用户用表达式或文本文件指定的。OR006 用来模拟圆形孔口。

7. 液流流经缝隙时的流量的仿真

液压元件有相对运动的配合表面必然有一定的配合间隙——缝隙，这样液压油就会在缝隙两端压差的作用下经过缝隙向低压区流动（称为内泄漏）或向大气中流动（称为外泄漏）。

由于缝隙一般都很小（几微米到几十微米），水力半径也很小，液压油又具有一定的黏度，因此油液在缝隙中的流动一般为层流。

通过固定平行平板间缝隙的流量计算公式为

$$Q = \frac{h^3 b}{12 \mu l} \Delta p \tag{6-6}$$

式中　　Δp——平板前后压差；

h——缝隙的高度；

b——缝隙的宽度；

l——缝隙的长度；

μ——绝对黏度（动力黏度）。

而在 Amesim 中，同时考虑了油液的压缩性，将流经缝隙的流量公式修改为

$$q_b = \frac{b \times \delta^3}{12 \times \mu} \times \frac{p_a - p_b}{l} \times \frac{\rho(p_{mid})}{\rho(0)} \tag{6-7}$$

式中　p_b——端口 1 的压力；

$\quad\quad p_a$——端口 2 的压力；

$\quad\ p_{mid}$——为 $(p_a + p_b)/2$；

$\quad\quad \rho$——以压力为自变量的密度函数。

建立如图 6-92 所示的仿真草图。

进入子模型模式，注意，此时先为所有的元件应用主子模型，然后选择元件 2，单击鼠标右键，选择"Set Submodel"菜单，如图 6-93 所示。

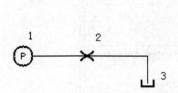

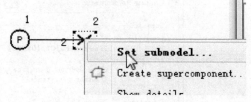

图 6-92　平行缝隙流动仿真草图　　　　图 6-93　设置元件 2 的子模型菜单

因为我们想要仿真的是平行缝隙的流量，所以在弹出的"Set Submodel"子模型窗口中，选择子模型"OR005"，如图 6-94 所示。

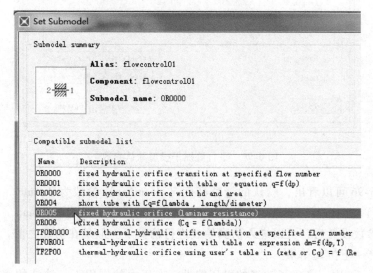

图 6-94　设置元件 2 子模型

设置之后，仿真草图变成了如图 6-95 所示。

然后进入参数设置模式，按表 6-18 设置各元件参数，其中没有提到的元件的参数保持默认值。

从表 6-18 的参数设置可以看出，我们只对元件 1 进行了参数设置，设定其压力为固定的 10bar，又因为元件 3 为油箱，则平行缝隙元件 2 的压力差为

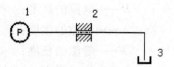

图 6-95　设置平行缝隙子模型后的仿真草图

10bar。值得说明的是，本例元件 2 的参数全部保持默认，由于是默认参数，所以没有体现在表 6-18 中。其默认参数如图 6-96 所示。

表 6-18　平行缝隙流动仿真参数设置

元件编号	参　　数	值
1	number of stages	1
	pressure at start of stage 1	10
	pressure at end of stage 1	10

图 6-96　平行缝隙子模型默认参数

从图 6-96 可以看出，默认的缝隙高度（clearance）参数为 0.1mm，缝隙的长度（length）为 1mm，缝隙的宽度（width of the flat orifice）为 0.5mm。

完成参数设置后，可以进入仿真模式进行仿真了。但是在仿真之前，我们可以先手工计算一下仿真结果。

在 Amesim 中，考虑了油液的可压缩性，在压力的作用下，油液的密度会发生

变化，所以用 ρ_p 代表在压力为 $(p_a + p_b)/2$ 时的密度，根据 Amesim 的计算公式 (2-3)，有

$$\rho_p = \rho \cdot \exp(p/B) \tag{6-8}$$

式中　ρ——液体在大气压下的密度；

　　　p——液压的压力，本例为 $(p_a + p_b)/2$；

　　　B——液体的弹性模量。

双击流体属性图标，可以得到流体的基本参数，如图 6-97 所示。从图中可以看出，流体在大气压下的密度（density，ρ）为 850kg/m^3，弹性模量（bulk modulus，B）为 17000bar，绝对黏度（absolute viscosity，μ）为 $0.051\text{N} \cdot \text{s/m}^2$。值得说明的是，本书更改了绝对黏度的单位表达方式，由 "cP" 更改为 "$\text{N} \cdot \text{s/m}^2$"，这样计算起来更加直观。

将已知数据代入式（6-8）中，有 $\rho_p = 850.25\text{kg/m}^3$。

图 6-97　流体属性图标

根据式（6-7），代入已知数据，有

$$q_b = \frac{b \times h^3}{12\mu l} \times (p_b - p_a) \times \frac{\rho_p}{\rho} = \frac{0.5\text{mm} \times 0.1\text{mm} \times 10\text{bar}}{12 \times 0.051 N \times \dfrac{s}{\text{m}^2} \times 1\text{mm}} \times \frac{850.25\text{kg/m}^3}{850\text{kg/m}^3}$$

$$= 0.049\text{L/min} = 49.034\text{mL/min} \tag{6-9}$$

进入仿真模式，运行仿真。选中元件 2，观察"Variables"窗口中的变量"flow rate at port 1"的值为 0.0490903L/min，如图 6-98 所示。图中的计算结果与式（6-9）的计算结果基本一致，验证了仿真的正确性。

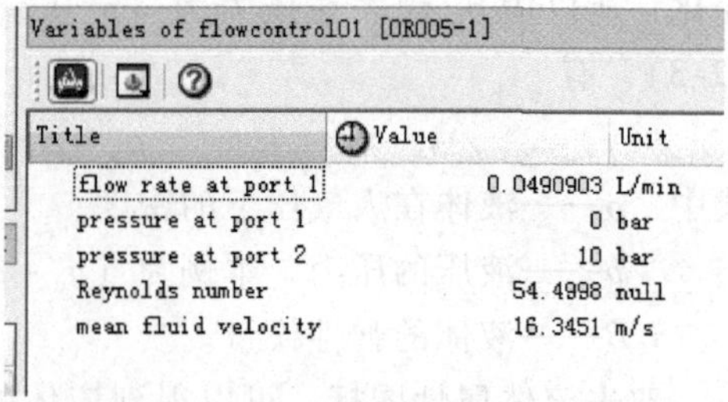

6.5.2　节流阀的仿真

图 6-98　变量"flow rate at port 1"的值

节流阀的仿真类似节流孔的仿真，只不过此时还可以根据用户需要改变孔口的面积。本节的叙述本书省略，感兴趣的读者可参考 Amesim 自带的帮助文件。

6.5.3　调速阀的仿真

1. 基本原理

调速阀只有一个子模型 FC001。

FC001 是一个带有单向阀的压力补偿流量控制阀的仿真模型。

压力补偿流量控制阀的角色是为系统提供可调和可控的流量，该流量不随内部或外部压力的改变而改变，只要该压力高于通过阀的最小压力降。该元件也称为二通流量控制阀。

压力补偿流量控制阀由一个补偿滑阀和一个可调节流孔串联组成。补偿器随着内部和负载压力的变化而自动调整，所以可以保证通过节流孔的压力降保持为定值，进而流量保持恒定。该阀并联一个反向自由导通的单向阀，当油液反向流动时无限制。

端口 1 和端口 2 的压力是输入变量。由压力计算两个端口的流量作为输出变量。除此以外，仅在反向流动时才计算截面积、流量系数和流数，并且只有在反向流动时才起作用。

在补偿区和非补偿区模型都拥有理想的特性。设定的流量是在最小压力差下指定的，然后随着流量压力梯度（流量压力曲线的斜率）而增加或减少。该曲线可以在产品目录中找到。该阀反向的流动是用一个固定节流孔模拟的。可以为该模型指定死区特性以模拟干摩擦。阀的动态特性可以被设置为静态、一阶和二阶。

FC001 可用于压力补偿流量控制阀的初级建模。详细的流量控制阀的建模可以采用液压元件设计库。

2. 主要参数

（1）液压流体索引（index of hydraulic fluid）　所引用的流体属性图标的索引。

（2）（设定流量（当最小操作压力差下））　set flow（at minimum operating pressure difference）　目标控制流量。

（3）最小操作压力差（minimum operating pressure difference）　阀能够正确地进行流量控制（确保压力补偿）所需要的最小压力差。

（4）流量压力梯度（flow rate pressure gradient）　流量压力降的线性特性斜率。

（5）反向流动名义流量（nominal flow rate for reverse free flow）和反向流动名义压降（nominal pressure difference for reverse free flow）　在反向流动中，使用了单向阀的压力降特性，反向流动的名义流量由枚举参数"fluid properties for pressure drop measurement"定义。

（6）fluid properties for pressure drop measurement（压力降度量的流体属性）　指明压力降所确定的流体的密度和黏度的枚举参数。有以下两种情况：

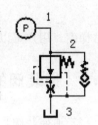

1）如果设置为"from hydraulic fluid at reference conditions"，密度和黏度是在大气压下、由"index of hydraulic fluid"参数所确定的温度来决定的。

2）如果设置为"specified working conditions"，密度和黏度属性用参数"working density for pressure drop measurement"和"working kinematic viscosity for pressure drop measurement"决定。

3. 流量压力降特性仿真

搭建如图 6-99 所示的仿真草图。

图 6-99　调速阀流量压力降特性仿真草图

进入子模型模式，为所有元件应用主子模型。

进入参数设置模式，按表 6-19 设置各元件参数。其中没有提到的元件的参数保持默认值。

表 6-19　调速阀流量压力降特性仿真参数设置

元 件 编 号	参　　　数	值
1	number of stages	1
	pressure at end of stage 1	100
	duration of stage 1	10
2	minimum operating pressure difference	2
	flow rate pressure gradient	− 0. 005

从表 6-19 可以看出，元件 1 的作用是模拟压力的线性增加，而调速阀的出口接油箱。元件 2 模拟调速阀，其中元件 2 的最小操作压力差（minimum operating pressure difference）设定为 2bar，即元件 2 进出口之间的压力差要达到 2bar，才能够起到调节流量的作用；而流量压力梯度设置为 − 0. 005L/min/bar，即随着压力的增加，调速阀的流量稍有减小，这个参数是曲线的倾斜斜率。

进入仿真模式，运行仿真。

同样可以参考前几节的方式，绘制出调速阀的进出口压差和通过调速阀的流量的特性曲线，关于其绘制方法，读者可参考前面的章节进行设置。绘制出的调速阀流量压力特性曲线如图 6-100 所示。

图 6-100 标示出了调速阀重要参数，包括设定流量、最小操作压力差和流量压

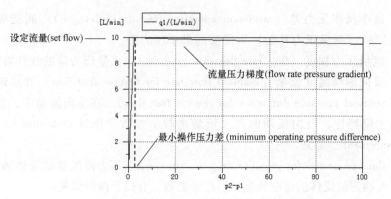

图 6-100　调速阀的流量压力特性曲线

力梯度，用户可以参考本图形，将调速阀的仿真特性设置成和样本一致的形式。

6.6　插装阀的仿真

二通插装阀是国外 20 世纪 70 年代开始出现的一种新型液压控制元件。1981 年由液压气动标准化委员会审定有关标准，为与国际标准接轨定名，简称为"插装阀"。

二通插装阀的结构如图 6-101 所示，其基本组成部分包括控制盖板 1 和插件 2。控制盖板含有控制孔，根据功能需要可选择行程限位器、液压控制的方向座阀或梭阀，另外，方向滑阀或方向座阀可以安装在控制盖板的上面。

插件的组成主要包括阀套 3、调整圈 4、座阀 5、可选择带阻尼锥颈 6 或不带阻尼锥颈 7 以及复位弹簧 8。

插装阀的插装单元按结构形式，分为方向阀插装单元、压力控制插装单元、方向流量阀

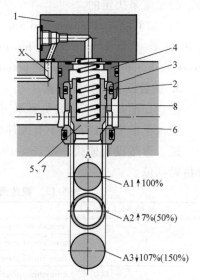

图 6-101　二通插装阀结构
1—控制盖板　2—插件　3—阀套
4—调整圈　5—座阀　6—带阻尼锥颈
7—不带阻尼锥颈　8—复位弹簧

插装单元。在 Amesim 中，并没有直接提供这三种形式的仿真元件，但是，我们可以利用 Amesim 的 HCD（液压元件）库来构建上述三种插装单元。

值得说明的是，插装阀 Amesim 仿真，特别适合于用超级元件封装功能来进行使用。关于超级元件的详细使用方法读者可以参考文献 [1]。

6.6.1　插装方向控制阀

1. 插装方向阀的工作原理

插装方向控制阀的典型应用见表 6-20。

表 6-20 插装方向控制阀的典型应用

插装阀原理图	对应功能	说　　明
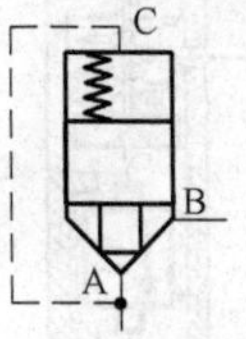	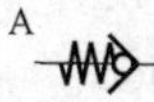	将插装阀的 C 腔与 A 腔或 B 腔连通,即成为单向阀,连接方法不同,其导通方式也不同
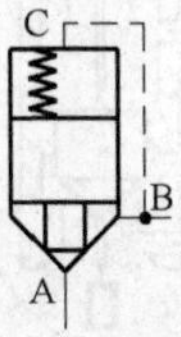	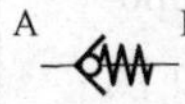	
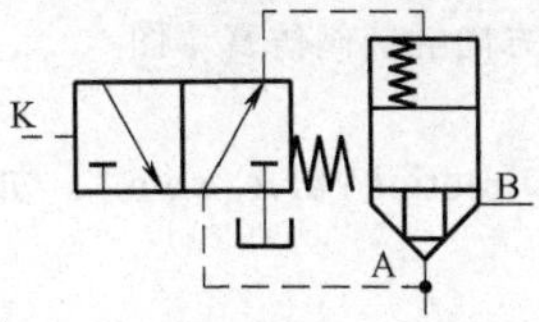	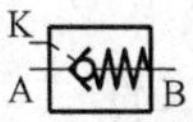	如果在控制盖板上连接一个 2 位 3 通液动换向阀,即可组成液控单向阀
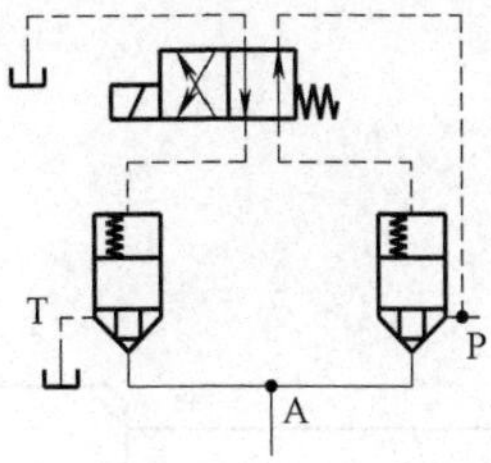	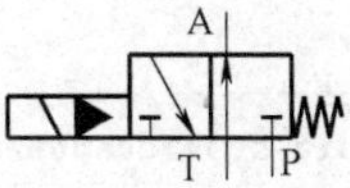	用两个方向插装阀与一个 2 位 4 通换向阀相连,即可组成 2 位 3 通电液换向阀
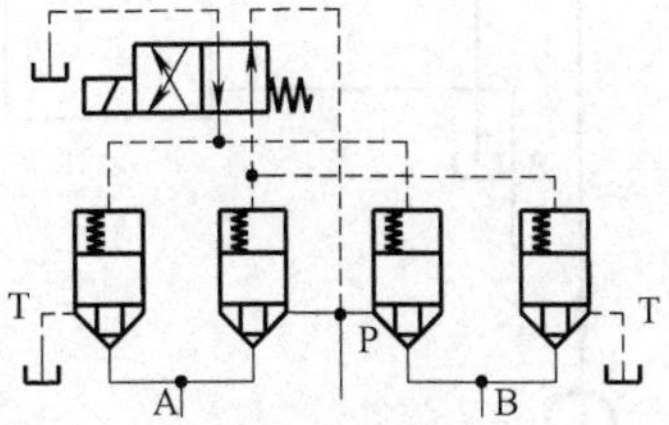	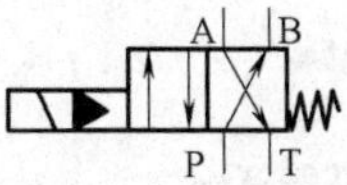	用 4 个方向插装阀与一个二位四通换向阀相连,即可组成二位四通电液换向阀

2. 插装方向阀的 Amesim 仿真模型

为了在 Amesim 中对插装阀进行仿真,搭建如图 6-102 所示的仿真草图。

用鼠标选择图 6-102 中用点画线框住的部分,然后单击右键,选择"Create supercomponent..."，如图 6-103 所示。

这时会生成一个默认图标形式的超级元件,如图 6-104 所示。其实到这里,我们已经完成了方向插装阀超级元件的封装。只是图标不太好看。在参考文献 [1]

中，详细记录了修改图标的方法，本
书此处省略，请读者参考文献［1］中
的相关章节。

从草图模式依次切换到子模型模
式，右击超级元件图标，选择"Open
Supercomponent"。此时会弹出"Super-
component Edition"选项卡对话框，如
果该对话框没有打开，可以单击菜单
【View】→【Show/Hide】→【Supercompo-
nent edition】打开该对话框，如图
6-105所示。

选择"Component Icon"选项卡，
单击"Open in designer"按钮，弹出
"Icon Designer"对话框，选择其中的

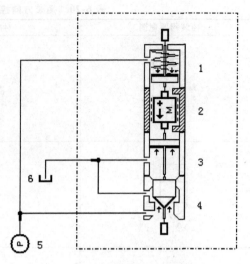

图 6-102　方向插装阀仿真草图

打开图标📂，找到光盘中提供的文件"CartridgeValve_ DirectionValve. xbm"，如图
6-106 所示。

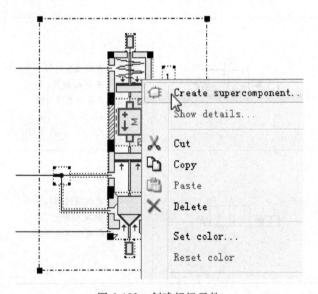

图 6-103　创建超级元件

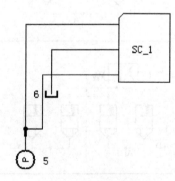

图 6-104　默认图标
形式的超级元件

注意到图形中左侧 3 个端口对应位置还不对（如图 6-106 所示）。为了使仿真
更加形象，可以采用下面的方法将这些端口对应到插装阀图标对应的输入口上。以
最上面的端口为例，在右下角的"Ports on icon"列表框中选择"1 25 hflow"选
项，再点击下面的按钮"Set port position"，如图 6-107 所示。

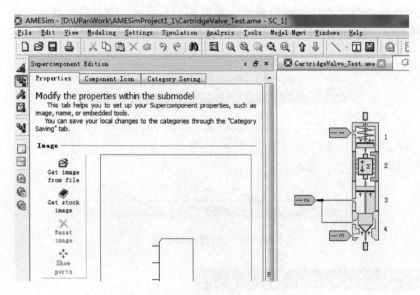

图 6-105　"Supercomponent edition" 对话框

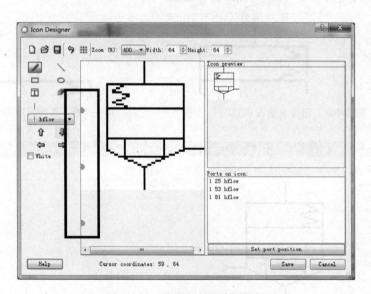

图 6-106　设置方向插装阀图标

此时再移动鼠标到绘图区，会发现鼠标指针变成了十字准星，将该十字准星拖曳到插装阀图标 C 腔端口的最上方，如图 6-108 所示。

单击鼠标左键，会发现端口的位置被重新定义，如图 6-109 所示。

其余两个端口重复上述过程，完成所有端口位置的重新定义，如图 6-110 所示。

最后单击"Save"按钮即可。

　　此时会回到超级元件的编辑界面，如图 6-111 所示。细心的读者会发现，如图 6-111 所标注，端口序号的位置还不对。这时只要我们拖动右侧的菱形标签，重新对端口序号的位置进行定义就可以了，定义后如图 6-112 所示。

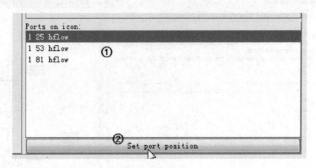

图 6-107　设置端口位置

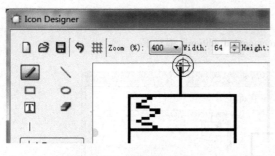

图 6-108　用准星重设端口

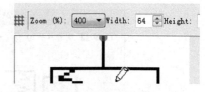

图 6-109　重新设定的端口位置

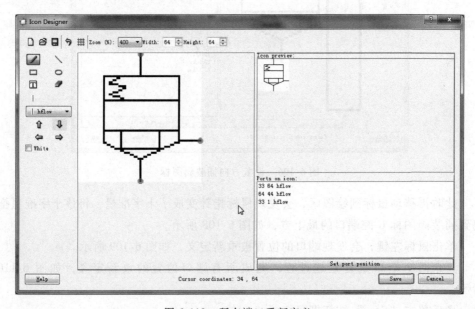

图 6-110　所有端口重新定义

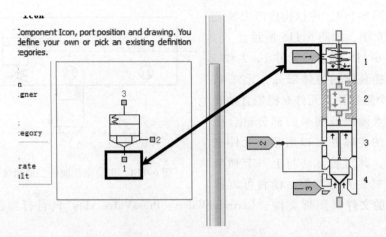

图 6-111　端口序号的编辑

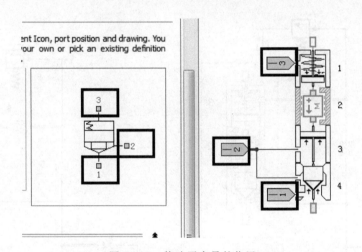

图 6-112　修改了序号的位置

返回工作区，对连接管路重新调整，最终的回路如图 6-113 所示。

搭建如图 6-113 所示的草图，就可以进行仿真了。要注意，超级元件仿真的模型，要进入超级元件后，才能查看元件参数的仿真结果。

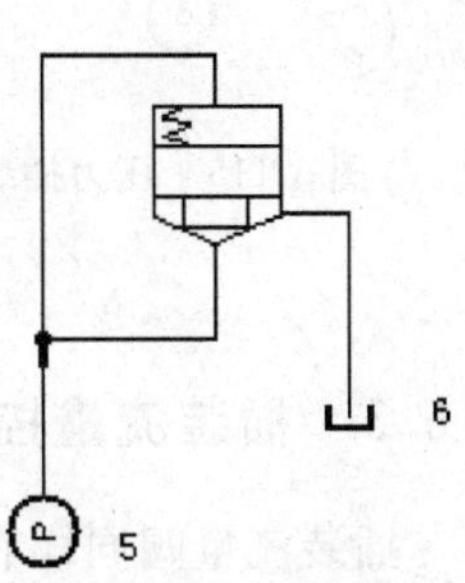

6.6.2　插装压力控制阀

对插装阀 C 腔进行压力控制，便可构成压力控制阀。压力控制阀的面积比通常为 1:1。

图 6-113　插装式单向阀草图

如图 6-114 所示，在压力型插装阀芯的控制盖板上连接先导调压阀（直动式溢流阀），当出油口接油箱，此阀起溢流阀作用。

对比图 6-114，可以构建压力插装阀的仿真草图，如图 6-115 所示。

如图 6-115 所示，元件 1、2 和 3 共同模拟插装阀的主体部分，元件 4、5 模拟两个阻尼孔，元件 6 模拟直动式溢流阀。点画线框起来的部分适合做成插装阀的主体并可以用超级元件来进行封装，其封装方法与上一节插装方向阀的封装方法类似，读者可以参

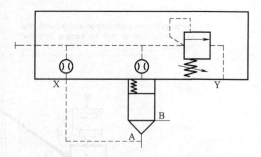

图 6-114　带溢流功能的二通插装阀

考光盘中的文件（图标文件 "CartridgeValve_ PressValve. xbm"）自行尝试，本书不再赘述。

封装完元件再对回路进行适当的调整，得到的仿真草图如图 6-116 所示。

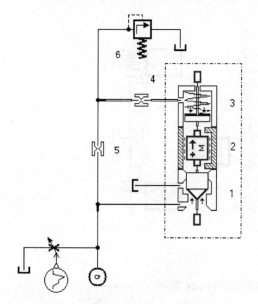

图 6-115　压力插装阀仿真草图

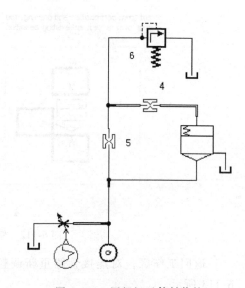

图 6-116　用超级元件封装的
压力插装阀仿真草图

6.6.3　插装流量控制阀

插装流量阀同样有节流阀和调速阀等型式。本书仅以节流阀为例。

在方向控制插装阀的盖板上安装阀芯行程调节器，调节阀芯和阀体间节流口的开度便可控制阀口的通流面积，起节流阀的作用。其原理如图 6-117 所示。

从前文的描述可知，插装流量阀的仿真草图实际上和插装方向阀的仿真草图是一致的，唯一的不同是我们可以限制或设定图 6-102 中 2 号元件（质量块）的最大

位移，则插装阀的锥阀部分的开口量就被限制了，从而起到控制流量的目的。

可以搭建如图 6-118 所示的插装阀流量控制仿真草图。

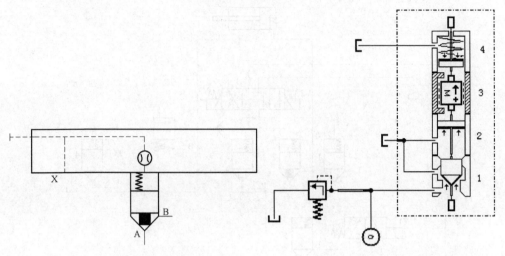

图 6-117　插装节流阀原理　　　　　　　　图 6-118　插装阀流量控制仿真草图

如图 6-118 所示，同样可以对图中点画线框住的部分封装超级元件，其封装方法本书从略，读者可以参考方向插装阀的封装方法来练习，本书附带的光盘中同样提供了流量插装阀的图标文件"Car-tridgeValve_ QuantityValve. xbm"。

封装后的插装流量阀仿真草图如图 6-119 所示。

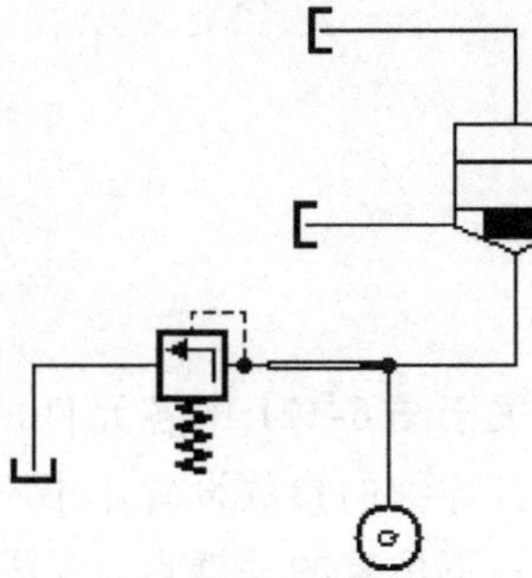

6.6.4　插装阀仿真综合实例

图 6-120 为五个插装阀组件组成的复合控制阀。

图 6-119　插装流量阀仿真草图

其中，阀 1 和阀 3 为方向阀组件，阀 1 用于控制液压缸大腔的回油，阀 3 用于控制液压缸小腔的进油，即用于接通或切断油口 A 与 T、P 与 B；阀 2 为流量控制阀组件，安装在液压缸大腔的进油路上，用于接通或切断油口 P 与 A，在接通 P 与 A 时，可通过阀芯行程调节杆调节阀的开口大小；阀 4 和阀 5 为压力阀组件，阀 4 安装在液压缸小腔的回油路上，其压力先导阀出口经一单向阀接 3 位 4 通滑阀，只有在三位阀处于左位时，阀 4 才能开启，进口压力由压力先导阀调定，作液压缸小腔回油背压；阀 5 旁接在液压泵的出口，与先导阀组成电磁溢流阀。

图 6-120 所对应的 Amesim 仿真草图如图 6-121 所示。其中的元件 1、2、3、4 和 5 分别对应图 6-120 中的元件 1、2、3、4 和 5。其中元件 1、3 是插装方向控制阀，采用了 6.6.1 节中封装的插装方向阀超级元件；元件 2 是插装流量控制阀，采

用了 6.6.3 节中封装的插装流量阀超级元件；元件 4 和 5 是插装压力控制阀，采用了 6.6.2 节中封装的插装压力阀超级元件。

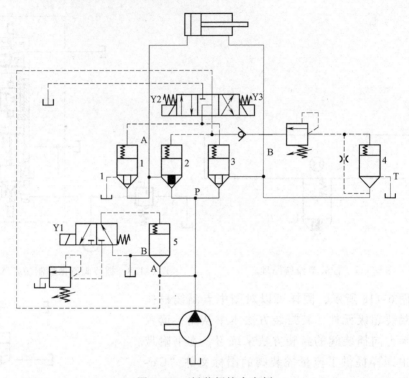

图 6-120　　插装阀综合实例

关于图 6-121 中各元件的参数设置，是一个相对较复杂的过程，由于篇幅所限，其详细的参数设置本书不再列出，读者可以参考随书附带的光盘文件。在此仅介绍一下仿真的关键点。

本回路仿真的基本思想是：首先 2 位 3 通换向阀 7 换向，系统上压，然后 3 位阀 6 切换到右位，从图 6-121 可以看出，此时系统压力作用在插装阀 1、3 的上腔，1 和 3 关闭。而 2、4 插装阀的上腔通油箱，此时油液流动的方向是泵→插装阀 2→液压缸左腔；液压缸右腔→插装阀 4→油箱。其中液压缸右腔的回油需要首先顶开顺序阀 9 和单向阀 8，才能打开插装阀 4，所以此时插装阀 4 起顺序阀的作用。

经过一段时间，换向阀 6 再切换到左位，从图 6-121 中可以看到，压力油作用在插装阀 2 的上腔，此时 2 关闭。虽然压力油不直接作用在插装阀 4 的上腔，但是作用在单向阀 8 的左侧，增大回油背压，同样使插装阀 4 无法开启，所以 4 也关闭。而此时阀 1、3 的上腔通过换向阀 6 的 T、A 口回油箱，则插装阀 1、3 开启。此时油液流动的方向是泵→插装阀 3→液压缸右腔；回油的流向是液压缸左腔→插装阀 1→油箱。

另外值得注意的是，当液压缸前进时，插装阀 2 起节流作用，通过调整阀 2 的

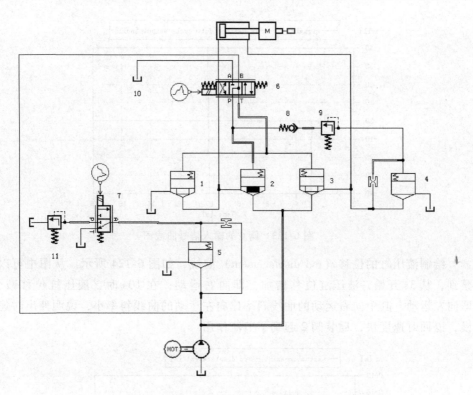

图 6-121　插装阀综合实例仿真草图

1～5—插装阀　6、7—换向阀　8—单向阀　9、11—顺序阀　10—油箱

行程限位，可以设定阀 2 的开口大小，起到了节流的作用。

　　阀 7 和阀 6 的输入信号曲线如图 6-122 和图 6-123 所示。从图中可以观察到，在第 2s 时，阀 7 换向，系统上压。在第 3s 时，阀 6 换右位，液压缸伸出。在第 10s 时，阀 6 换左位，液压缸退回。

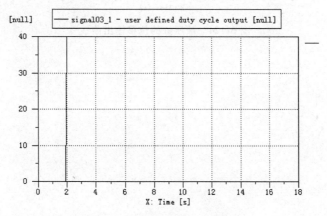

图 6-122　阀 7 的输入信号曲线图

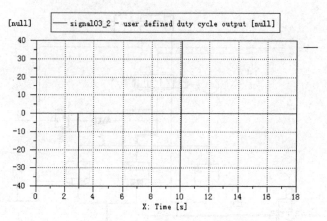

图 6-123　阀 6 的输入信号曲线图

　　绘制液压缸的位移（rod displacement）曲线，如图 6-124 所示。从图中可以观察到，从 3s 开始，液压缸位移增加，即向右运动；在 10s 时，液压缸位移减少，即向左运动。其中向右运动的曲线斜率比向左运动的曲线斜率小，说明伸出时速度慢，退回时速度快，插装阀 2 起到了节流作用。

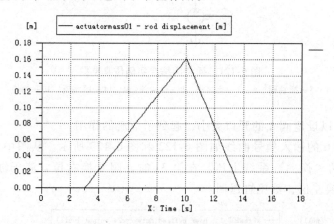

图 6-124　液压缸的位移输出曲线

第 7 章　液压回路的仿真

7.1　液压回路仿真的基础知识

本节首先介绍一下液压回路仿真中常用的仿真元件——3 端口液压节点。

3 端口液压节点（hydraulic junction 3 ports）✦，压力由端口 1 确定（pressure fixed by port 1）。

H3NODE1 是 3 端口液压接头，其压力由端口 1 确定。粗线的那一头的端口表明压力从该端口作用在子模型上。压力不经过任何改变而作用在其他两个端口上。

端口 2 和端口 3 上的流量总和作为端口 1 上的流量输出。为了保证与液压元件设计库的兼容性，端口 2 和端口 3 上的体积求和作为端口 1 的输出。这些作为输入的默认值，当与液压元件一同使用时这些值总是零。

H3NODE1 子模型外部变量如图 7-1 所示。

3 端口液压节点的其余两个子模型为 H3NODE2、

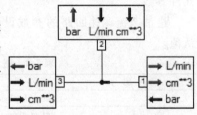

图 7-1　H3NODE1 子模型外部变量

H3NODE3，这两个子模型与 H3NODE1 基本相同，只是压力作用的端口不同，分别为 2 号和 3 号端口，其外部变量如图 7-2、图 7-3 所示。

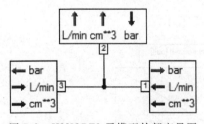

图 7-2　H3NODE2 子模型外部变量图

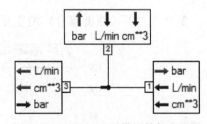

图 7-3　H3NODE3 子模型外部变量图

注意对比图 7-1～图 7-3，图中较粗的实线指向的端口是不同的，分别为 1、2、3 端口。

7.2　调速回路的仿真

7.2.1　进油节流调速回路

节流调速回路的理论分析部分，请读者参考液压传动相关书籍，在此仅讲解节流调速回路在 Amesim 中的仿真方法。

利用 Amesim 的机械库（Mechanical）、液压库（Hydraulic）和信号控制库（Signal，Control）建立节流调速回路的仿真草图如图 7-4 所示。

搭建完草图后，单击工具栏上的"Submodel mode"（子模型模式）按钮，进入子模型设置模式，再单击工具栏上的"Premier Submodel"（主子模型）按钮，为图 7-4 中各元件设置主子模型。再单击工具栏上的"Parameter mode"（参数模式）按钮，设置系统元件参数。

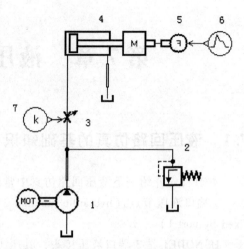

图 7-4　进油节流调速回路 Amesim 仿真草图

进油节流调速回路的参数设置见表 7-1，其中没有提到的元件和参数保持默认值。

表 7-1　进油节流调速回路元件参数设置

元 件 编 号	参　　　　数	值
1	pump displacement	10
3	orifice diameter at maximum opening	1
4	piston diameter	100
	rod diameter	50
6	output at end of stage 1	120000
	duration of stage 1	10

其中元件 6（外负载力）的变化曲线如图 7-5 所示。

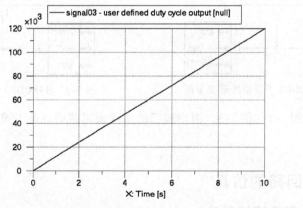

图 7-5　外负载力的变化曲线

进入参数模式，选择菜单【Settings】→【Batch parameters】，弹出对话框"Batch

Parameters"，将 7 号元件的变量"constant value"拖动到该对话框的左侧列表栏中，如图 7-6 所示。

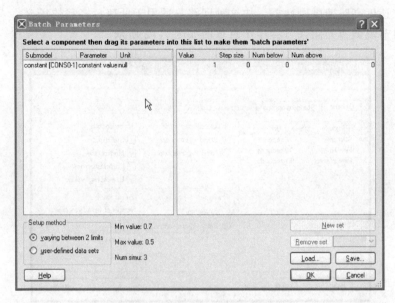

图 7-6　"Batch Parameters"对话框

修改该对话框右侧列表栏中的"Value"、"Step size"、"Num below"为 0.5、-0.1、2。点击 OK 按钮，如图 7-7 所示。

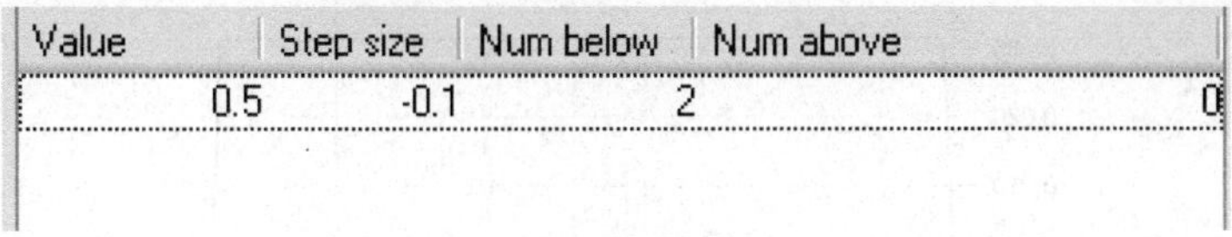

Value	Step size	Num below	Num above
0.5	-0.1	2	0

图 7-7　批运行参数设置

切换到仿真模式，单击设置运行参数按钮，弹出"Run Parameters"对话框，选中该对话框中"General"选项卡的"Run type"框中的单向按钮"Batch"，表示要进行批运行，如图 7-8 所示。单击 OK 按钮。

运行仿真，点选元件 4 的图标，绘制液压缸活塞杆运动速度（rod velocity）曲线，如图 7-9 所示。

在弹出的对话框（AMEPlot）中，单击菜单【Tools】→【Batch plot】，然后在 AMEPlot 窗口的图形上单击鼠标左键，在弹出的对话框中单击 OK 按钮，如图 7-10 所示。

运行仿真，得图 7-11 所示批运行曲线族。

这组曲线表示液压缸运动速度随负载变化的规律，曲线的陡峭程度反映了运动速度受负载影响的程度（称为速度刚性），曲线越陡，说明负载变化对速度的影响越大，即速度刚性越差（亦即速度稳定性差）。在节流阀通流面积 A_T 一定的情况下，重载工况比轻载工况的速度刚性差；而在相同负载下，通流面积 A_T 大时，亦即液压缸速度高时速度刚性差，故这种回路只适用于低速、轻载的场合。

进口节流调速回路调节特性仿真草图如图 7-12 所示。

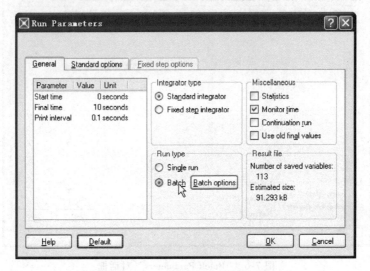

图 7-8 "Run Parameters" 对话框

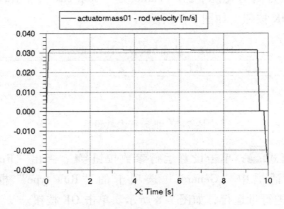

图 7-9 活塞杆运动速度

节流调速回路调节特性的参数设置见表 7-2，其中没有提到的元件和参数保持默认值。

表 7-2 节流调速回路元件参数设置

元 件 编 号	参 数	值
1	pump displacement	10
3	orifice diameter at maximum opening	1
4	piston diameter	60
	rod diameter	40

（续）

元件编号	参　　数	值
6	output at end of stage 1	12000
	duration of stage 1	10
7	number of stages	1
	output at start of stage 1	1
	duration of stage 1	10

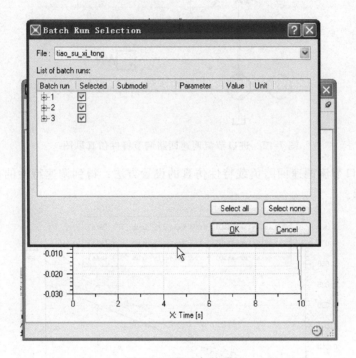

图 7-10　批运行绘图

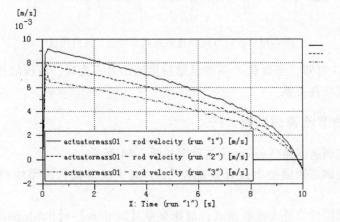

图 7-11　进口节流调速回路负载特性仿真曲线族

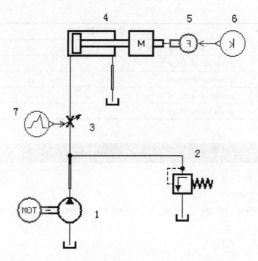

图 7-12　进口节流调速回路调节特性仿真草图

参照进口节流调速回路负载特性仿真的设置方法，得到调速特性的仿真曲线如图 7-13 所示。

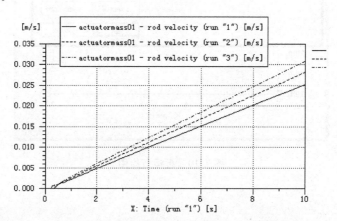

图 7-13　进口节流调速回路调节特性仿真曲线族

从图 7-13 可知，当负载 F 不变且维持供油压力不变时，液压缸速度 v 与节流阀通流面积成线性关系。

7.2.2　回油节流调速回路

回油节流调速回路 Amesim 仿真草图如图 7-14 所示。

回油节流调速回路的参数设置见表 7-3，其中没有提到的元件和参数保持默认值。

创建完回路后，进入参数模式，选择菜单【Settings】→【Batch parameters】，弹出对话框 "Batch Parameters"，将 7 号元件的变量 "constant value" 拖动到该对话

框的左侧列表栏中，如图 7-15 所示。

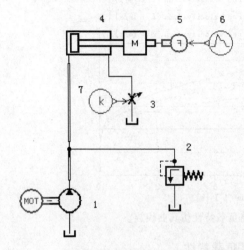

表 7-3　回油节流调速回路元件参数设置

元件编号	参　　数	值
1	pump displacement	10
3	orifice diameter at maximum o-pening	1
4	piston diameter	100
	rod diameter	50
6	output at end of stage 1	117810
	duration of stage 1	10
7	constant value	0.5

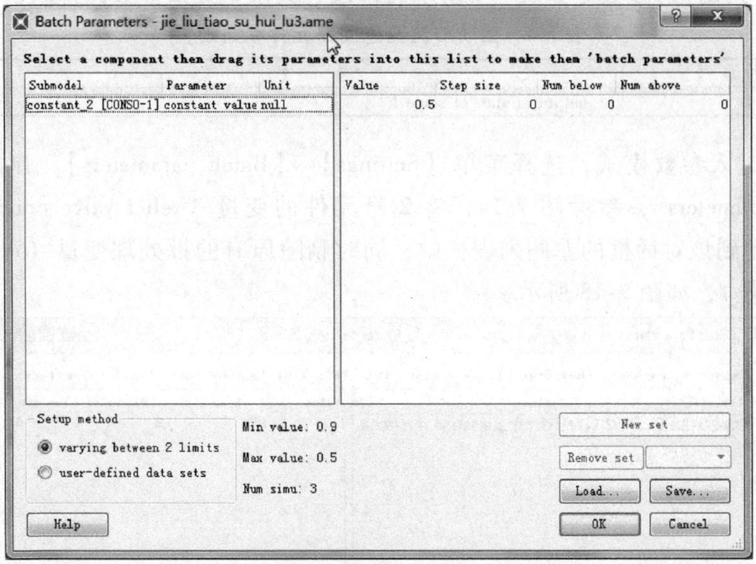

图 7-14　回油节流调速回路 Amesim 仿真草图

Batch Parameters - jie_liu_tiao_su_hui_lu3.ame

Select a component then drag its parameters into this list to make them 'batch parameters'

Submodel	Parameter	Unit		Value	Step size	Num below	Num above
constant_2 [CONSO-1]	constant value	null		0.5	0	0	0

Setup method
◉ varying between 2 limits
◯ user-defined data sets

Min value: 0.9
Max value: 0.5
Num simu: 3

New set
Remove set
Load...　Save...
OK　Cancel

Help

图 7-15　"Batch Parameters" 对话框

修改该对话框右侧列表栏中的 "Value"、"Step size"、"Num below" 为 0.5、-0.2、2。点击 OK 按钮，如图 7-16 所示。

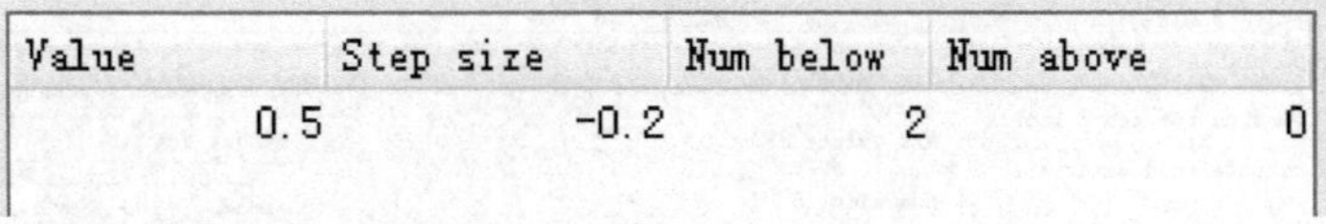

Value	Step size	Num below	Num above
0.5	-0.2	2	0

图 7-16　批运行参数设置

参考 7.2.1 节中的方法，设置批运行，得曲线如图 7-17 所示。

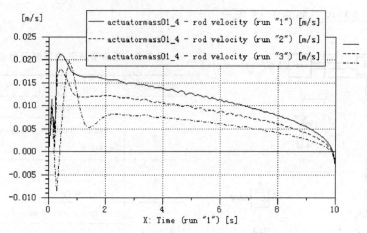

图 7-17　口节流调速回路负载特性仿真曲线族

下面我们来仿真不同供油压力下的速度负载特性。

将 6 号元件的参数做如表 7-4 所示的修改，其余未提及参数保持默认值。

表 7-4　回油节流调速回路元件参数设置

元 件 编 号	参 数	值
6	output at start of stage 1	5000

首先进入参数模式，选择菜单【Settings】→【Batch parameters】，弹出对话框 "Batch Parameters"，参考图 7-14，将 2 号元件的变量 "relief valve cracking pressure" 拖动到该对话框的左侧列表栏中，同时删除原有的批处理变量（7 号原件的批处理变量），如图 7-18 所示。

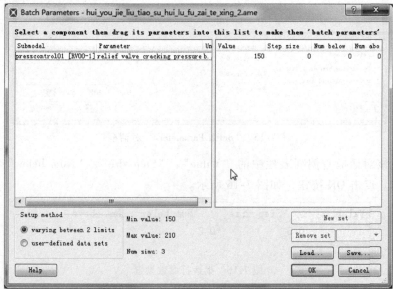

图 7-18　"Batch Parameters" 对话框

修改该对话框右侧列表栏中的"Value"、"Step size"、"Num above"为 150、30、2。点击 OK 按钮，如图 7-19 所示。

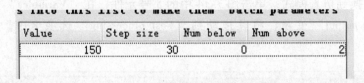

Value	Step size	Num below	Num above
150	30	0	2

图 7-19　批运行参数设置

参考 7.3 节中的方法，设置批运行，得曲线图如图 7-20 所示。

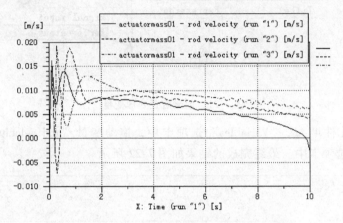

图 7-20　进口节流调速回路负载特性仿真曲线族

从图 7-20 可以看出：

1）在相同负载下，泵的供油压力越大，液压缸的运动速度越大。

2）根据定量泵输出的供油压力的不同，液压回路所能承受的最大负载也不同，供油压力越大，所能承受的负载越大。

3）泵的出口压力越小，曲线越陡，速度刚性越差。

下面我们来仿真节流调速回路的功率-负载特性。

在进行仿真之前，首先要清楚如下定义：功率-负载特性指调速回路中执行元件工作功率与负载之间的关系。所以，要绘制功率-负载特性，首先要计算出执行元件（本例为液压缸）的输出功率。

由液压传动系统中功率的定义，可以得到液压缸功率的定义为

$$P = Fv$$

式中　P——功率（W）；

　　　F——液压缸输出力（N）；

　　　v——液压缸的运动速度（m/s）。

因此，需要利用 Amesim 计算液压缸负载力和液压缸运动速度的乘积。在

Amesim 中没有直接提供乘积结果的输出，但是我们可以利用 Amesim 提供的后置处理方法来实现功率的计算。

首先切换到仿真模式，单击图 7-14 中的 5 号元件，在"Variables"选项卡中，选择"force output"变量，将其拖动到"Post processing"选项卡中，如图 7-21 所示。

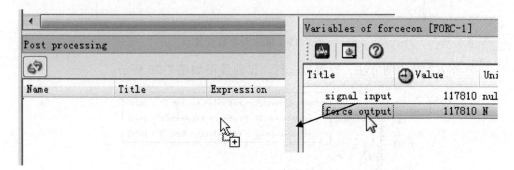

图 7-21　创建后置处理变量

再选择元件 4，从"Variables"选项卡中，拖动变量"rod velocity"到"Post processing"选项卡中。最终完成的结果如图 7-22 所示。

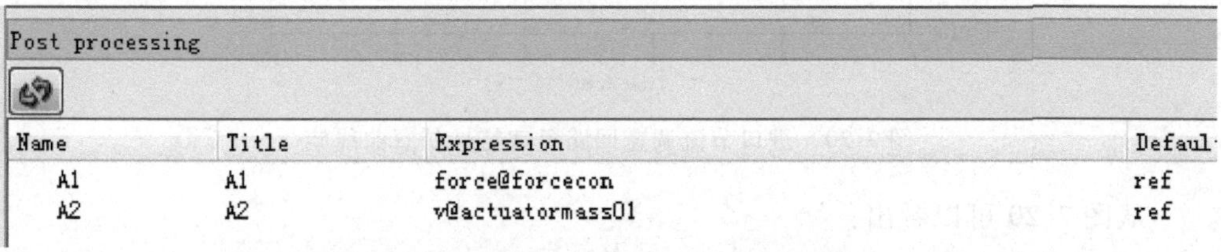

Name	Title	Expression	Defaul
A1	A1	force@forcecon	ref
A2	A2	v@actuatormass01	ref

图 7-22　添加负载力和液压缸速度变量

修改图 7-22 所示中的第一行中的"Expression"列，并删除第二行（用键盘上的 Delete 键），修改完成后的结果如图 7-23 所示。即将"Expression"改为字符串"force@ forcecon * v@ actuatormass01"。

Name	Title	Expression	Defau
A1	A1	force@forcecon*v@actuatormass01	ref

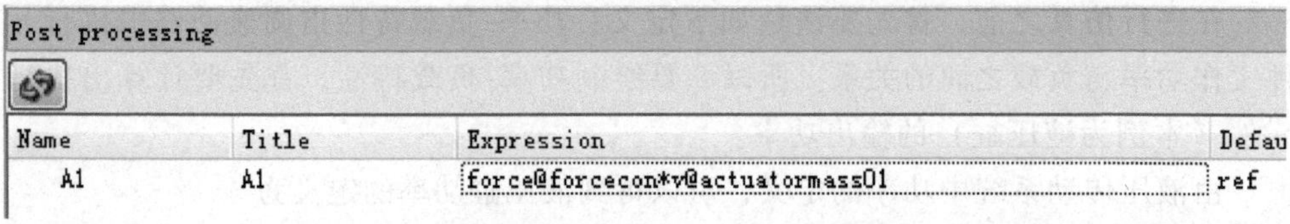

图 7-23　修改后的负载力和液压缸速度的乘积

再参考图 7-15、图 7-16 设置批处理变量，此时运行仿真，绘制"Post processing"中的"A1"变量，结果如图 7-24 所示。

通过分析图 7-24 可知，在相同负载作用下，随着节流阀开口面积的增大，供油泵输出功率不断增大。同时，在阀口面积不变的情况下，供油泵的输出功率先增大，负载达到一定值后功率逐渐减小。

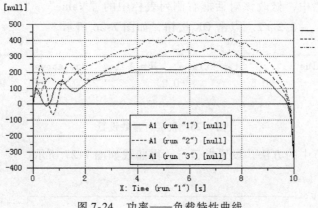

图 7-24　功率——负载特性曲线

7.2.3　旁路节流调速回路

旁路节流调速回路的 Amesim 仿真草图如图 7-25 所示。旁路节流调速回路的参数设置见表 7-5，其中没有提到的元件和参数保持默认值。

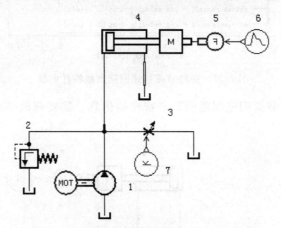

图 7-25　旁路节流调速回路 Amesim 仿真草图 1

表 7-5　旁路节流调速回路元件参数设置

元 件 编 号	参　　　数	值
1	pump displacement	10
3	orifice diameter at maximum opening	1
4	piston diameter	100
	rod diameter	50
6	output at end of stage 1	117810
	duration of stage 1	10
7	constant value	0.5

创建完回路后，进入参数模式，选择菜单【Settings】→【Batch parameters】，弹出对话框 "Batch Parameters"，将 7 号元件的变量 "constant value" 拖动到该对话框的左侧列表栏中，修改该对话框右侧列表栏中的 "Value"、"Step size"、"Num below" 为 0.5、-0.2、2。点击 OK 按钮，如图 7-26 所示。

Value	Step size	Num below	Num above
0.5	-0.2	2	0

图 7-26　批运行参数设置

参考 7.3 节中的方法，设置批运行，得曲线如图 7-27 所示。

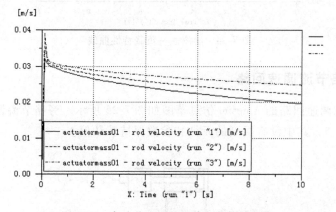

图 7-27　旁路节流调速回路负载特性曲线

为了进行旁路节流调速回路的调节特性的仿真，需要修改 Amesim 仿真草图如图 7-28 所示。

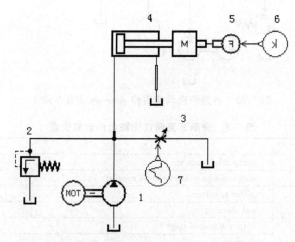

图 7-28　旁路节流调速回路 Amesim 仿真草图 2

　　旁路节流调速回路的参数设置见表 7-6，其中没有提到的元件和参数保持默认值。

表 7-6　旁路节流调速回路元件参数设置

元 件 编 号	参　　数	值
1	pump displacement	10
3	maximum signal value	2
	orifice diameter at maximum opening	2
4	piston diameter	100
	rod diameter	50
6	constant value	80000
7	output at end of stage 1	2
	duration of stage 1	10

　　创建完回路后，进入参数模式，选择菜单【Settings】→【Batch parameters】，弹出对话框"Batch Parameters"，将 6 号元件的变量"constant value"拖动到该对话框的左侧列表栏中，修改该对话框右侧列表栏中的"Value"、"Step size"、"Num below"为 80000、40000、1。点击 OK 按钮，如图 7-29 所示。

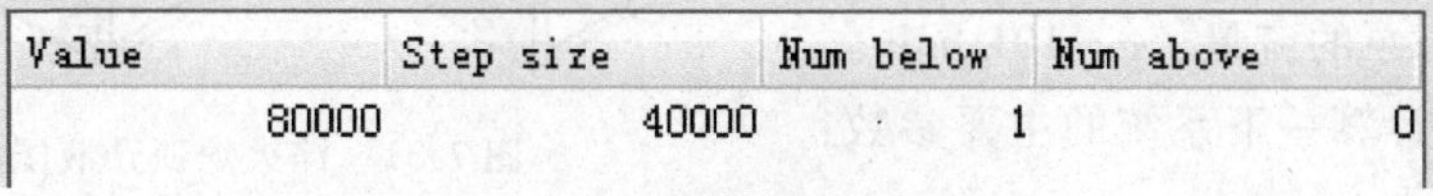

Value	Step size	Num below	Num above
80000	40000	1	0

图 7-29　批运行参数设置

　　参考 7.3 节中的方法，设置批运行，得曲线如图 7-30 所示。

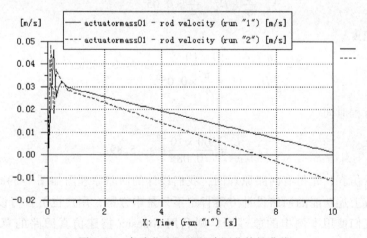

图 7-30　旁路节流调速回路调节特性曲线

7.3　方向控制回路的仿真

　　本节主要仿真方向控制回路，使用的元件主要是液压库中的元件。

　　本书的仿真目的是达到真正模拟实际系统的运行。因此每一个仿真实例，都赋予一个可计算的值，然后将仿真结果和数学计算结果做对比，以证明仿真的正确性。

　　下面以淬火炉为例，来介绍方向控制回路的仿真。

　　淬火炉的顶盖由一个单作用缸提起。淬火炉顶升液压缸如图 7-31 所示，这个液压缸用一个二位三通换向阀控制。将一个 500kg 的负载加在活塞杆上模拟重物，测量并计算以下值：

　　1）行程压力、负载压力、阻力和背压。

　　2）前进行程速度和时间。

　　为了使仿真更具有针对性，我们这里设置一些仿真的具体参数。等仿真完成后，用户可以看到仿真的结果和真实系统的运行结果，是十分接近的。

　　已知数据：

　　负载：$M_G = 500\text{kg}$，活塞直径：$D_1 = 50\text{mm}$，活塞杆直径：$d_1 = 30\text{mm}$，行程：$L = 500\text{mm}$，泵的流量：$q = 10\text{L/min}$。

　　先手动计算一下系统的主要参数：

　　负载压力

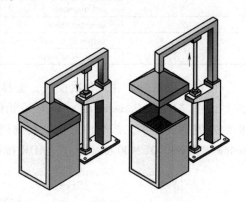

图 7-31　淬火炉顶升液压缸

$$p_L = \frac{F_G}{A_1} = \frac{M_G g}{\frac{\pi}{4} \times D_1^2} = \frac{500 \times 9.8}{\frac{\pi}{4} \times 0.05^2} \text{MPa} = 2.5\text{MPa} \tag{7-1}$$

　　前进速度

$$v_1 = \frac{q}{\frac{\pi}{4} D_1^2} = \frac{10 \times 10^{-3}}{60 \times \frac{\pi}{4} \times 0.05^2} \text{m/s} = 0.085\text{m/s} \tag{7-2}$$

　　前进行程时间

$$t_1 = \frac{L}{v_1} = \frac{500 \times 10^{-2}}{0.085} \text{s} = 5.89\text{s} \tag{7-3}$$

　　要进行仿真，先得有回路原理图，我们设计的回路原理图如图 7-34a 所示。当然关于完成上述功能的回路设计方案肯定不只是本方案，用户也可自行设计。

　　假设我们使用本例中的原理图，则利用 Amesim 搭建仿真回路的草图如图 7-34b 所示。

　　要使仿真结果和实际系统运行结果接近，系统每个元件的参数都要和实际运行的工况相一致。因此，回路的搭建仅是第一步，更重要的是参数的设置。我们按元件序号逐个地说。

　　元件 1 是电动机，元件 2 是液压泵，泵在电动机带动下旋转，因此泵的排量乘以泵的转速，共同作用产生了流量。题目的已知条件说泵的流量为 10L/min，因此我们设置电动机的转速为 1000r/min，液压泵的排量为 10mL/r，两者的乘积为 10L/min。

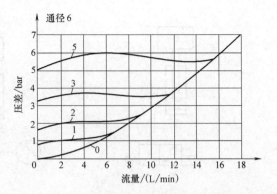

元件 3 为溢流阀，在本例中我们保持其所有的参数为默认值。

元件 4 为带弹簧单向阀，为了使仿真有针对性，假设我们选用 Rexroth（力士乐）产品。通过查找

图 7-32　力士乐单向阀开启时的流量和压差曲线

力士乐样本，找到单向阀部分。由于本例中最大流量为液压泵的最大流量 10L/min，我们暂且选择 6 通径的单向阀，其流量和压差曲线如图 7-32 所示。

再结合单向阀的订货号，如图 7-33 所示，第 4 个方框中的号码表示开启压力特性曲线，我们选择"1"（标准）型。则结合图 7-32 可见，曲线 1 描述了该类单向阀的压力损失。当流量为 10L/min 时，压差为 3bar。

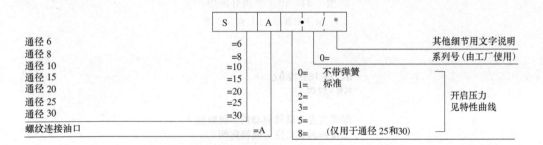

图 7-33　力士乐单向阀订货号

最终确定的单向阀的订货号为 S6A1。

设置元件 4 的参数 "corresponding pressure drop" 为 3bar，"check valve cracking pressure" 设置为 0. 5bar。

5 号元件是管道，我们设所采用的管路直径为 6mm，管道长度为 0. 5m，管道壁厚为 2.5mm。

6 号元件是换向阀，我们同样选择力士乐的换向阀，通过查找样本，我们选择"电控式：湿式电磁铁 DC，底板安装"型号，其基本参数如图 7-35 所示。

从图 7-35 可见，该 6 通径的换向阀最大流量为 60L/min，满足本例要求（本例要求阀能通过泵的最大流量，即 10L/min）。

该阀的订货号如图 7-36 所示。

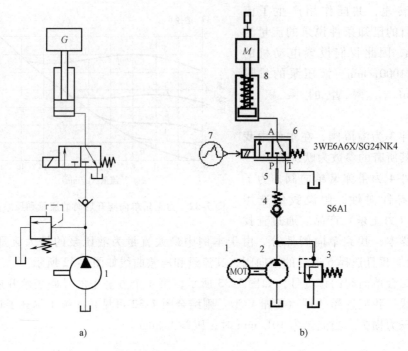

3WE6A6X/SG24NK4

S6A1

a) 　　　　　　　　　　　　　　b)

图 7-34　淬火炉顶升原理

a）液压原理图　b）仿真草图

RC 23 163/12.02
代替：07.02

湿式直流电磁铁驱动的三位四通、
二位四通和二位三通换向阀
WE 6../.S型

通径 6
6X 系列
最高工作压力 315 bar
最大流量 60 L/min

图 7-35　换向阀基本参数

　　我们采用的换向阀有 3 个工作油口，所以第一个方框填 3。第 4 个方框机能符号参考样本，如图 7-37 所示，选择机能符号 A。其余参数对仿真结果没有实质影响。我们最终确定的型号为：3WE6A6X/SG24NK4。

　　确定型号的主要目的是为了正确地设置参数，继续查找样本，发现中位机能符号为 A 时的流量压降曲线如图 7-38 所示。可见 A 型为 3 号曲线。从曲线图中可以大略估计到，当流量为 10L/min 时，3 号曲线上的压降大致为 0.2bar。

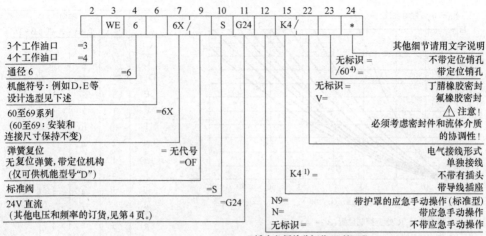

机型符号

图 7-36   换向阀订货号

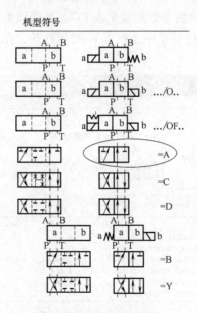

机型符号

图 7-37   换向阀机能符号

7 号元件设定的是对换向阀的控制信号。进入参数模式，双击元件 6，弹出"Change Parameters"对话框，打开中部"Parameters"下拉列表中的"valve Characteristics"，如图 7-39 所示。

从图 7-39 中可以看到，阀全开的电流信号为 40mA。该参数是将本换向阀看成

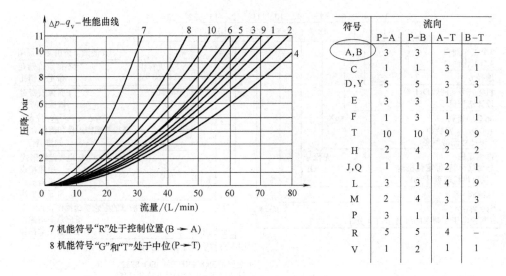

符号	流向			
	P–A	P–B	A–T	B–T
A,B	3	3	—	—
C	1	1	3	1
D,Y	5	5	3	3
E	3	3	1	1
F	1	3	1	1
T	10	10	9	9
H	2	4	2	2
J,Q	1	1	2	1
L	3	3	1	9
M	2	4	3	3
P	3	1	1	—
R	5	5	4	—
V	1	2	1	1

7 机能符号"R"处于控制位置(B → A)

8 机能符号"G"和"T"处于中位(P → T)

图 7-38　换向阀流量压降曲线

伺服阀所需要的控制信号。在本例中，我们将本换向阀看成普通的换向阀，而不当成伺服阀。所以，它只有全开和全关两种状态，我们只要输入 40mA 信号或 0mA 信号，就可以了。7 号元件的参数设置见表 7-7。其曲线如图 7-40 所示。从图中观察可见，我们对阀的开关控制顺序是在第 1s 时阀打开，在第 5s 时阀关断。

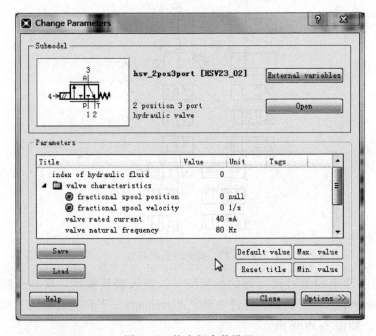

图 7-39　换向阀参数设置

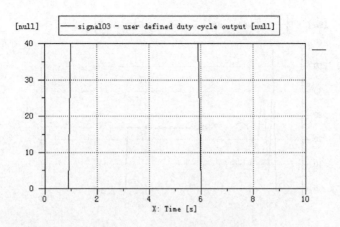

图 7-40　换向阀开关控制信号

最后一个是元件 8 的参数设置。根据本例已知条件，我们设置参数"piston diameter"为 50，"rod diameter"为 30，"length of stroke"为 0.5，"total mass being moved"为 500，"angle rod makes with horizontal"为 90，"spring rate"为 0。其中"angle rod makes with horizontal"比较重要，该参数保证液压缸是竖直放置的。"spring rate"设置为 0，保证有杆腔的弹簧刚度为 0。

最终设置的参数结果见表 7-7。

表 7-7　元件参数设置

元件编号	参　　数	值
1	shaft speed	1000
2	pump displacement	10
4	check valve cracking pressure	0.5
	corresponding pressure drop	3
5	diameter of pipe	6
	pipe length	0.5
	wall thickness	2.5
6	ports P to A flow rate at maximum valve opening	10
	ports P to A corresponding pressure drop	0.5
	ports A to T flow rate atmaximum valve opening	10
	ports A to T corresponding pressure drop	0.5
7	duration of stage 1	1
	output at start of stage 2	40
	output at end of stage 2	40
	duration of stage 2	5

运行仿真，选中元件 8，绘制其端口 1 上的压力曲线，如图 7-41 所示。

选择"AMEPlot"窗口中的工具栏按钮"Show the temporal cursor coordinates"。拖动控制柄到大约如图 7-42 所示位置，从图 7-42 中可见，系统压力（纵坐标）大致为 25bar，与式（7-1）计算结果一致。

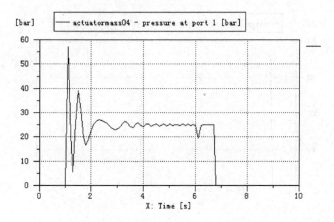

图 7-41　元件 8 端口 1 上的压力曲线

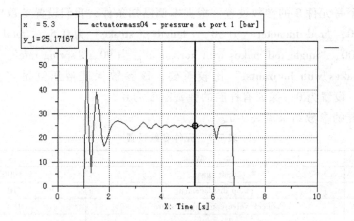

图 7-42　系统压力仿真结果

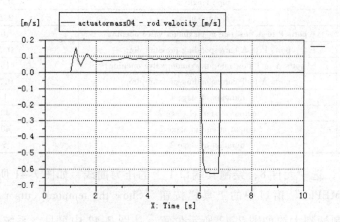

图 7-43　活塞杆的速度曲线

　　活塞杆的速度曲线如图 7-43 所示。用与图 7-42 同样的方法，可得稳定速度大致为 0.085m/s，与式（7-11）计算结果一致。

　　关于全行程运行时间，读者可以自行验证，其仿真结果和式（7-12）计算的结果也是基本一致的。

7.4　压力控制回路的仿真

　　本节仅以保压回路为例介绍压力控制回路的仿真。

　　执行元件在工作循环的某一阶段内，需要保持一定压力时，则应采用保压回路。常见的保压回路有下面几种形式：利用蓄能器的保压回路，利用液压泵的保压回路，用液控单向阀的保压回路。本节主要介绍液控单向阀保压回路的工作原理及其 Amesim 仿真方法。

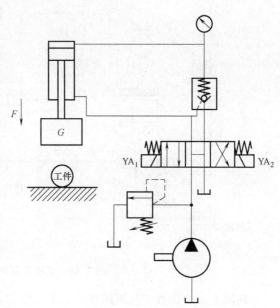

　　图 7-44 所示为采用液控单向阀和电接点压力表的自动补油式保压回路。当电磁铁 YA_1 通电时，换向阀左位工作，液压缸下腔进油，上腔的油液经液控单向阀回油箱，使液压缸向上运动；当电磁铁 YA_2 通电时，换向阀右位工作，液压缸上腔压力升至电接点

图 7-44　用液控单向阀的保压回路

压力表上限设定的压力值时发信号，电磁铁 YA_2 失电，换向阀处于中位，液压泵卸荷，液压缸由液控单向阀保压。当液压缸压力下降到电接点压力表的下限值时，电接点压力表发信号，电磁铁 YA_2 通电，换向阀右位再次工作，液压泵给系统补油，压力上升。如此循环往复，自动地保持液压缸的压力在调定值范围内。

　　从上述工作原理得知，能够实现系统压力的自动保持，是靠检测元件和换向阀共同配合实现的。其中电接点压力表是关键的检测元件。电接点压力表的实物如图 7-45 所示。该仪表设上、下限二位开关型接点装置，在压力达到设定值时发出信号或通断控制电路，供作业系统自动控制或发信用。

图 7-45　电接点压力表实物图

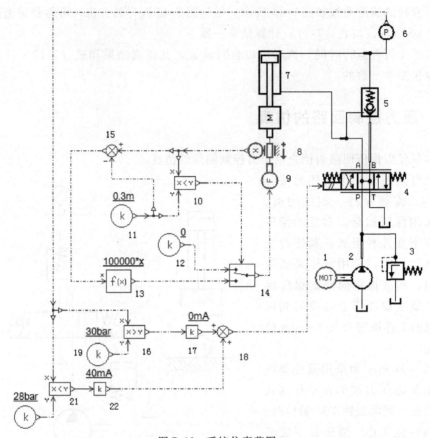

图 7-46　系统仿真草图

本例同上面的仿真实例不同在于，不仅要仿真出回路的液压功能，同时还应该将回路的自动控制功能仿真出来。

根据图 7-44 所示回路原理，设计的系统仿真草图如图 7-46 所示。由于该回路较复杂，我们分部分介绍其仿真功能。

液压部分仿真草图如图 7-47 所示。

图中 1、2 的作用很简单，就是为了产生所需要的流量，在本例中，我们设计的流量为 10L/min，所以设置 1 的"shaft speed"为 1000，2 的"pump displacement"为 10，两者相乘为 10L/min。

元件 3 的参数保存默认。

元件 4 是实现回路换向功能的主要元件，我们还是以力士乐的换向阀为仿真对象，将元件参数按力士乐换向阀的参数进行设置。力士乐换向阀的订货型号如图 7-36 所示。其机能符号如图 7-48 所示。由于图 7-44 的换向阀的机能为 H 型，所以选择图 7-48 中的 H，则换向阀元件的订货号为 4WE6H6X/SG24N。查力士乐换向阀样本，得其流量压力曲线如图 7-49 所示。

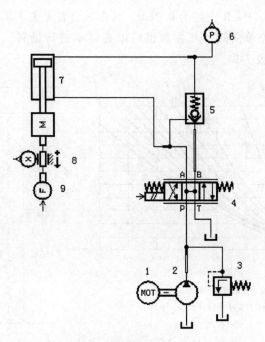

图 7-47　液压部分仿真草图

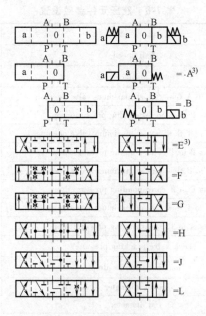

图 7-48　三位阀机能符号

从图 7-49 中可见 H 型中位机能对应的流量压降曲线为 2、4 线。由于系统的最大流量为 10L/min，从曲线图中可查到，在流量为 10L/min 时，P – A、A – T 和

B – T 大约为 0.3bar，P – B 大约为 0.2bar。其参数设置见表 7-8。

　　5 号元件是液控单向阀，其参数也可以查样本进行设置，本例省略查样本过程，其设置结果见表 7-8。

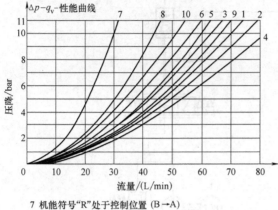

符号	流向			
	P – A	P – B	A – T	B – T
A,B	3	3	—	—
C	1	1	3	1
D,Y	5	5	3	3
E	3	3	1	1
F	1	3	1	1
T	10	10	9	9
H	2	4	2	2
J,Q	1	1	2	1
L	3	3	4	9
M	2	4	3	3
P	3	1	1	1
R	5	5	4	—
V	1	2	1	1

7 机能符号"R"处于控制位置 (B→A)
8 机能符号"G"和"T"处于中位 (P→T)

图 7-49　换向阀流量压力曲线

表 7-8　液压元件参数设置

元件编号	参　　　数	值
1	shaft speed	1000
2	pump displacement	10
4	ports P to A flow rate at maximum valve opening	10
	ports P to A corresponding pressure drop	0.3
	ports B to T flow rate at maximum valve opening	10
	ports B to T corresponding pressure drop	0.3
	ports P to B flow rate at maximum valve opening	10
	ports P to B corresponding pressure drop	0.2
	ports A to T flow rate at maximum valve opening	10
	ports A to T corresponding pressure drop	0.3
5	check valve cracking pressure	0.5
	nominal pressure drop	1
7	piston diameter	50
	rod diameter	30
	length of stroke	0.5
	total mass being moved	50
	angle rod makes with horizontal	− 90
	leakage coefficient	0.0001

6 号元件的作用是测量液压缸上腔的压力，是保压功能能够实现的重要元件，但其参数设置较简单，我们这里保持默认值。

7 号元件是液压缸，为了节省建模时间，我们选择液压库中现成的单出杆液压缸模型，而没有选择 HCD 库中的元件。其参数设置见表 7-8 中所示。其中比较重要的参数是 "angle rod makes with horizontal" 和 "leakage coefficient"，其中前者设定了液压缸的摆放方式，按原理图 7-44 所示放置方式，应该设置其值为 -90°；后者设定了液压缸的内泄漏。正是由于内泄漏的存在，液压缸上腔的压力才会逐渐渗漏到下腔中去，造成上腔压力降低，液压泵重新启动，为上腔加压，这一自动过程才能实现。

位置检测部分的仿真草图如图 7-50 所示。参考原理图 7-44，液压缸在下行到碰触圆形工件之前，有一段空行程距离，接触工件后，液压缸的外负载力有一个随位移继续增加而增长的这样一个趋势，这在仿真中都要考虑到。所以设计了图 7-50 所示的位置检测部分仿真回路。

在图 7-50 中，元件 8 的作用是为了检测液压缸的位移，元件 9 的作用是将信号转换为负载力（单位 N）。元件 10 的作用是进行比较。当液压缸的位移（x）小于设置值（元件 11）0.3m 时，外

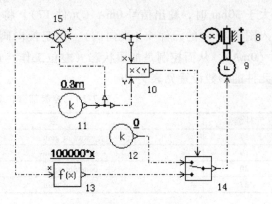

图 7-50　位置检测部分的仿真草图

负载力由元件 12 设定；当液压缸位移（x）大于设置值（元件 11）0.3m 时，外负载力的大小由液压缸的位移与 0.3m（元件 11）的差值为自变量的函数（元件 13）计算得到，作为液压缸受到的外负载力。通过以上的分析，读者应该能够理解，当液压缸的位移小于 0.3m 时，外负载力为 0N（不算液压缸自重），这时液压缸还没有碰触到工件；当液压缸位移大于 0.3m 时，位移值与 0.3 的差值作为函数 $f(x)=100000*x$ 的自变量，计算得到负载力，作用在液压缸上，模拟液压缸挤压工件所受到的力。这样，通过图 7-50 这部分仿真回路，很好地模拟了液压缸的位移和外负载力之间的关系，为仿真的正确运行创造了条件。最终图 7-50 中元件的参数设置见表 7-9。表中没有提到的元件参数保持默认值。

表 7-9　位置检测部分参数设置

元件编号	参　　数	值
11	constant value	0.3
12	constant value	0
13	expression in terms of the input x	100000 * x
14	switch threshold	1

控制部分的仿真草图如图 7-51 所示。元件 19、20 的作用是设定压力的上、下限，模拟的是电接点压力表的上、下限。在本例中，下限设定为 28bar，上限设定为 30bar。元件 16、21 的作用是将液压缸上腔的压力值和设定的上、下限进行比较，当小于 28bar 时，输出 40mA 信号（元件 22），

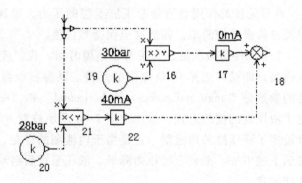

图 7-51　控制部分仿真草图

当大于 30bar 时，输出信号 0mA（元件 17）。将这两个结果求和（元件 18），共同输入图 7-47 中的元件 4（换向阀），决定换向阀是左位工作（40mA）还是中位工作（0mA），从而控制是加压状态（左位工作）还是保压状态（中位工作）图7-51中元件的参数设置见表 7-10。

表 7-10　控制部分仿真回路

元件编号	参　　数	值
17	value of gain	0
19	constant value	30
20	constant value	28
22	value of gain	40

自此，回路搭建完成。

进入仿真模式，将仿真时间设定为 50s。运行仿真。

选择液压缸 7，绘制活塞杆位移曲线，如图 7-52 所示。从图中可以观察到，在液压缸下行碰触到工件前，运动速度较快，当碰触到工件后（位移超过 0.3m），有一段时间积蓄压力，如图 7-52 中第一个台阶所示。然后继续加压下行，到位移

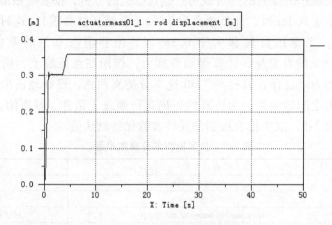

图 7-52　活塞杆位移曲线

大约为 0.35m 处，停止前进，进行保压。

液压缸端口 1 处的压力曲线如图 7-53 所示。

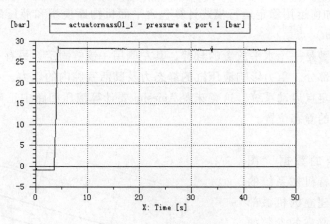

图 7-53 端口 1 的压力曲线

绘制元件 4 的输入信号（input signal）如图 7-54 所示。从图中可以看出，最开始，换向阀的输入信号为 40mA，液压缸快速下行，碰到工件后，压力上升，达到 28bar（见图 7-53），进入保压阶段（见图 7-54）。由于液压缸内部有泄漏，随着时间的延续，液压缸上腔压力有所下降，在 34s、44s 处，换向阀两次接通（见图 7-54），自动补充压力，进行保压。

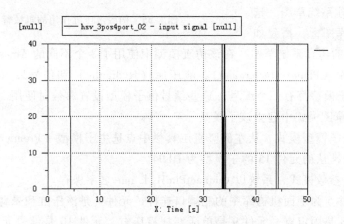

图 7-54 元件 4 的输入信号仿真结果

从以上分析可见，本仿真回路完美地模拟了保压回路的自动工作过程。

7.5 平面机构库和液压库的仿真

本节以带有标准液压库元件的悬臂为例，介绍平面机构库和液压库的仿真。

1. 目标

1）学习如何将液压系统和平面机构库结合。

2）学习如何运用稳定运行模式计算包含平面机构库模型和液压库模型的力平衡（equilibrium）点。

本仿真模型是一个水平放置的悬臂，其左侧用一铰链固定，另有一液压缸连接在悬臂的中间部分。重力影响液压缸的静态力及其活塞腔内的压力。本例的主要工作是在一个给定点启动系统。这意味着 Amesim 要计算液压回路中正确的压力以保持整个装配体的静态位置。

2. 步骤

（1）需要的数据　图 7-55 显示了悬臂机械系统的工作原理。要建立的机械部分和液压缸所必需的参数如图中所示。伺服阀用来驱动液压缸。具体的参数设置在后面介绍。在液压缸和伺服阀之间还包括两个液压管道子模型。管道子模型的参数也在后面给出。

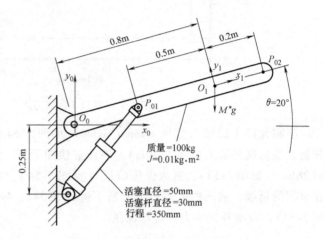

图 7-55　伺服液压缸作用的机械臂

（2）构建系统草图　选择平面机构库图标。搭建如图 7-56 所示的仿真系统草图。在该仿真模型中使用了 3 个不同的 Amesim 库，分别是平面机构库（Planar Mechanical）、液压库（Hydraulic）和信号库（Signal）。该系统的每个子模型都有一个编号。这些编号供子模型设置参数时使用。

（3）在草图模式中建立该子模型

1）进入子模型模式，从左侧竖直工具栏中点选主子模型（Premier submodel）。

2）改变默认的元件 15 的子模型为 HL04。

3）进入参数模式，系统以 ConnectPlmHyd. ame 名字保存。

其中元件 5 为平面机构库中的三端口连杆，元件 7 是液压缸和悬臂之间的组合铰链，元件 8 是固定点，元件 9 是单活塞杆液压缸，元件 10 是信号元件，元件 11 是增益，元件 12 是伺服阀，元件 13 是液压压力源，元件 14 是油箱。

首先我们需要计算系统自由度的数量。系统的自由度

$$F = 3N - 2M = 3 \times 1 - 2 \times 1 = 1 \qquad (7-4)$$

式中　F——平面机构的自由度数量；

N——构件的数量，本例为 1；

M——低副的数量，每个铰链限制两个自由度。

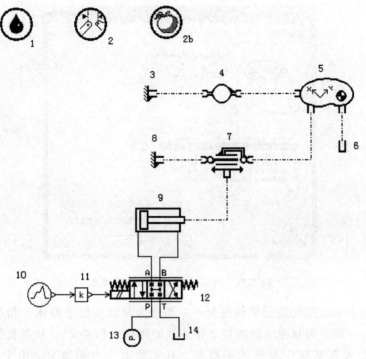

图 7-56　系统仿真草图

　　经计算，当前的模型有一个自由度。该计算结果符合本例机械臂绕固定的铰链旋转的情况。这意味着只能锁定一个状态变量。我们希望机械臂的起动点为与水平成 20°的位置。机械臂的角度状态变量应该被锁定。

　　在参数模式或仿真模式下，右击元件 5 的图标，选择"View lock states"，如图 7-57 所示。将弹出如图 7-58 所示

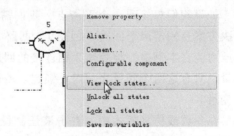

图 7-57　"View lock states"菜单

的设定锁定变量的窗口，在本例中，我们想要限制的状态变量的名字为"absolute angular position"。勾选该选项后的对勾，如图 7-58 所示。

　　机械结构的状态变量已经被锁定了。我们现在需要考虑本例的液压部分。在本例的液压部分，对应腔体中的压力我们有 4 个状态变量：

　　1）液压缸腔体 1 中体积的状态变量。

　　2）液压缸腔体 2 中体积的状态变量。

　　3）与腔体 1 相连接的管道体积的状态变量。

　　4）与腔体 2 相连接的管道体积的状态变量。

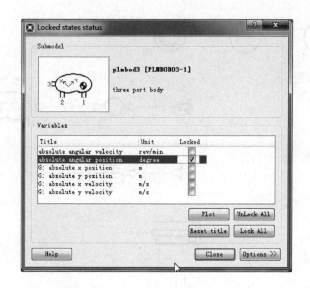

图 7-58　"Locked states status" 菜单

我们打算将液压回路分成两部分：一部分为与液压缸中腔体 1 相连接的回路（回路 1）；一部分为与液压缸腔体 2 相连接的回路（回路 2）。如果我们观察这两个回路，会发现对应于系统的平衡点，有无数组压力的组合。由于解不唯一，Amesim 将找不到平衡点，仿真将从用户设定的压力处开始，或者仿真失败。

如果我们想找到一个平衡点，我们需要让 Amesim 求解器得到一个唯一的解。解决方案是锁定两个回路（回路 1，回路 2）中其一的压力。建议锁定低压腔的腔体压力。在本例中，与腔体 2 相连接的回路压力相对较低。每个回路包含两个状态变量，只有这两个变量之一需要锁定。液压缸回路 2 中的压力已经被选定为锁定状态变量。

在参数或仿真模式中，右击液压缸图标（元件 9）。选择 "View lock states"，将弹出窗口让用户选择要锁定的状态变量。在本例中，我们想要限制的状态变量的名字为 "pressure at port 2"。该腔体中的初始压力已经被设置为 5bar。

（4）运行仿真

1）进入仿真模式。

2）打开仿真参数设置（Run parameters setup），修改参数 "Final time" 为 4s，"Print interval" 为 0.005s，"Run mode" 为 "Stabilizing"。

3）点击开始运行按钮运行仿真。

（5）分析结果　前面设置的参数表明本仿真是静态运行，计算从 $t = 0$ 时刻开始。本仿真的运行目的是确定当悬臂（元件 1）在 20°时 Amesim 计算得到的值。本例需要查看 4 个参数：

1）悬臂的角度位置：计算值为 20°。

2）腔体 2 中的压力：5bar。

3）腔体 1 中的压力：27.25bar。

4）液压缸输出的力：4722N。

仿真的结果显示了悬臂的初始位置和液压缸腔体 2 的初始压力。一个 4722N 的力作用在悬臂上以保持其平衡点，腔体 1 中的压力是 27.25bar，如图 7-59 所示。

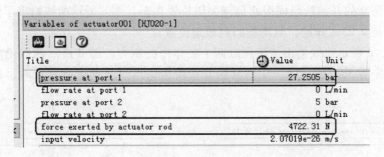

图 7-59　仿真结果

本例的受力分析如图7-60所示。

根据系统的几何形状和悬臂的初始角度、液压缸力的方向可以对系统进行理论分析。可以手工计算得到液压缸的输出力和垂直方向的夹角为 51.36°。在当前条件下，液压缸的输出力可以用相对 O_0 点的力矩平衡方程求得，即

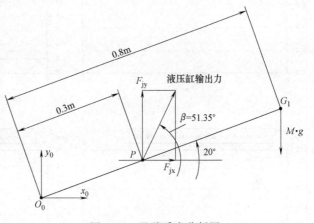

图 7-60　悬臂受力分析图

$$\sum T = 0 \qquad (7-5)$$

代入已知数据，得

$$\begin{cases} F_{jx}0.3\sin20° + Mg0.8\cos20° - F_{jy}0.3\cos20° = 0 \\ \tan51.36° = \dfrac{F_{jy}}{F_{jx}} \end{cases} \qquad (7-6)$$

解得

$$\begin{cases} F_{jx} = 2949\text{N} \\ F_{jy} = 3688\text{N} \end{cases} \qquad (7-7)$$

液压缸的输出力为

$$F_j = \sqrt{2949^2 + 3688^2} = 4722\text{N} \qquad (7-8)$$

理论分析的计算结果同仿真结果完全匹配。在悬臂倾斜角度为 20° 时，液压缸输出力为 4722N。

（6）完全运行仿真　进入仿真模式。打开运行参数设置对话框，设置参数"Final time"为 4s，"Print interval"为 0.005s，"Run mode"为"Stabilizing + Dynamic"。现在可以运行仿真了。点击开始运行按钮，运行仿真。

（7）分析仿真结果　仿真运行包括打开阀和关闭阀，以控制悬臂从初始角度（20°）到液压缸的最小位移。如图 7-61 所示，图 a 所示曲线显示了伺服阀的输入信号。在仿真的开始阶段伺服阀保持关闭位置 0.5s。图 c 所示曲线给出了液压缸的位移，它从 0.23m 开始，最终缩回到最短位置。

图 b、d 所示曲线给出了液压缸两个腔体中的压力。图 d 所示曲线给出了状态变量被锁定为 5bar 的腔体。在仿真的开始阶段，当伺服阀保持零位时，压力保持为 5bar。

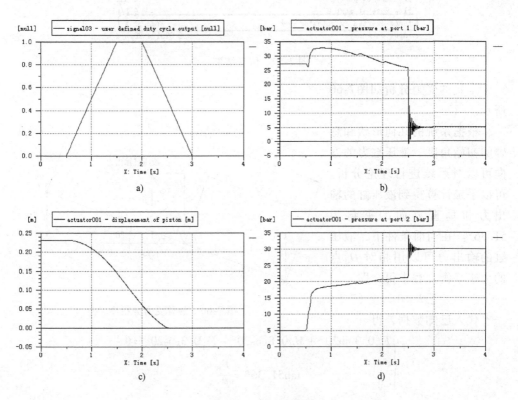

图 7-61　仿真结果图

本例帮助用户理解什么时候使用锁定状态变量：那就是或者用作机械系统给的初始位置，或者用于计算系统的稳定状态。

第 8 章　比例伺服系统的仿真方法

8.1　伺服系统仿真基础知识

液压缸系统可以产生较大的输出力，移动较重的负载。在比例阀的帮助下，可以使液压缸的控制更快、更精确。

根据应用场合的不同，伺服系统的执行元件可以选用直线液压缸、摆动缸和液压马达。这其中最常用的是直线液压缸。本章的分析仅以直线液压缸为例。

在下面的分析中，我们主要考虑两种形式的液压缸系统：

1）对称双活塞杆液压缸。两个方向上的最大力和最大速度相同。

2）单活塞杆非对称液压缸。两个方向上的输出力和运动速度不同。

以上两种液压缸中以单活塞杆液压缸造价更低，占用空间更小，更常使用，但是其数学模型的推导较复杂；双活塞杆液压缸占用空间大，不经常使用，但是其数学模型推导较直观。本章采用循序渐进的方式，先推导双活塞杆液压缸的数学模型，再推导单活塞杆液压缸的数学模型。在举例介绍中，将粗略地计算液压缸驱动系统的工作特性和运动特性，包括：

1）运动时间。

2）建立控制变量模式。

3）选择合适的泵、比例阀和液压缸。

在阀控缸系统中，液压缸的运动通常带有周期性质，而液压缸的每一个运动周期，通常由下面的几个阶段组成：

1）如果起点和终点足够近的话，运动过程由两个阶段组成：加速阶段、减速阶段。

2）如果起点和终点相隔足够远，运动过程由三个阶段组成：加速阶段、匀速阶段、减速阶段。

为了使运动过程执行得尽可能快，液压缸驱动系统的加速度、减速度和匀速速度必须要高。而系统的最大运行速度由下述因素决定：

1）带有液压泵、溢流阀、比例换向阀和液压缸的液压系统。

2）负载（力或质量）。

3）起点和终点之间的距离。

表 8-1 是对阀控缸系统运行速度的影响因素的归纳总结。

表 8-1　影响因素

液压装置	影响因素
液压缸	单活塞杆缸/双活塞杆缸 行程 活塞有效面积 密封的摩擦
比例换向阀	额定流量 流量特性
泵和溢流阀	系统压力 泵的流量
负载	
质量负载	质量 运动方向(竖直或水平,倾斜)
力负载	压力/拉力 密封、导向的摩擦
起点和终点的距离	
	小/大

为了简化计算,做两个假定:

1) 三位四通比例阀的 4 条控制边相等,流量特性为线性。

2) 恒压源系统,即便负载以最大速度运行,泵的流量仍然能满足要求。所有的计算,压力为恒定值,油箱的压力为零。

8.1.1　比例换向阀的流量计算

液压缸的运动速度取决于比例换向阀的额定流量。

比例换向阀的额定流量 q_N 由阀口全开时的每条控制边的压力降 Δp_N 来决定。比例换向阀的实际流量由阀的控制信号 y 来决定,对于线性流量特性来说,控制信号 y 与阀的开口度和流量成比例。根据孔口流量公式 (2-53),得

$$Q = C_q A(y)\sqrt{\frac{2}{\rho}\Delta p} = C_q w y \sqrt{\frac{2}{\rho}\Delta p} \tag{8-1}$$

式中　C_q——为流量系数;

　　$A(y)$——节流边的开口量,它是控制信号 y 的函数;

　　　ρ——油液的密度;

　　Δp——节流边前后的压力差。

则根据式 (8-1),得额定流量的表达式为

$$Q_N = C_q A(y_N)\sqrt{\frac{2}{\rho}\Delta p_N} = C_q w y_N \sqrt{\frac{2}{\rho}\Delta p_N} \tag{8-2}$$

将式 (8-2) 代入式 (8-1),整理得

$$Q = Q_N \frac{y}{y_N} \sqrt{\frac{\Delta p}{\Delta p_N}} \tag{8-3}$$

此式常用来计算比例阀的实际流量。

综上，可以得到阀的流量的计算公式，我们用表格的形式将其列写在表8-2中。

表 8-2　比例阀的流量的计算

阀参数	比例阀的额定流量: q_N
	通过比例阀的控制边的压力降: Δp_N
	阀的最大控制信号: y_{max}
液压回路中的操作条件	通过比例阀每条控制边的压力降: Δp
	实际阀芯的偏移量: y
流量的计算	$q = q_N \dfrac{y}{y_{max}} \sqrt{\dfrac{\Delta p}{\Delta p_N}}$

8.1.2　流量计算实例

下面我们通过实例来计算比例换向阀在工作条件下的实际流量。

三位四通比例阀的参数如下：

额定流量：$Q_N = 20\text{L/min}$，此时的压力降 $\Delta p_N = 5\text{bar}$。4 个控制边的名义流量都相等。最大控制信号 $y_{max} = 40\text{mA}$。在某阀控缸系统中使用了一个这样的比例阀，当液压缸前进时，测得控制信号 $y = 10\text{mA}$ 时，控制边入口处的压力降 $\Delta p_A = 125\text{bar}$。试计算此时系统需要提供多大的流量。

解：根据流量计算式（8-3），得

$$Q = Q_N \frac{y}{y_{max}} \sqrt{\frac{\Delta p}{\Delta p_N}} = 20\text{L/min} \frac{10\text{mA}}{40\text{mA}} \sqrt{\frac{125\text{bar}}{5\text{bar}}} = 25\text{L/min} \tag{8-4}$$

8.1.3　仿真实例 1

我们可以在 Amesim 中搭建仿真回路，验证比例阀的流量计算是否正确。

进入草图模式，搭建如图 8-1 所示的仿真草图。

在上述仿真回路中，元件 1 的作用是模拟控制信号，元件 2 的作用是模拟比例阀，元件 3、4 模拟控制边的入口压力，控制边的出口压力都接油箱。

进入子模型模式，为所有元件赋主子模型。

进入参数设置模式，为表 8-3 所示的元件赋值参数，其中没有提到的元件的参数保持默认值。

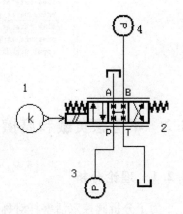

图 8-1　比例阀流量计算仿真草图

表 8-3　元件参数设置

元件编号	参　　　数	值
1	constant value	10
2	ports P to A flow rate atmaximum valve opening	20
	ports P to A corresponding pressure drop	5
	ports B to T flow rate atmaximum valve opening	20
	ports B to T corresponding pressure drop	5
	ports P to B flow rate at maximum valve opening	20
	ports P to B corresponding pressure drop	5
	ports A to T flow rate at maximum valve opening	20
	ports A to T corresponding pressure drop	5
3	number of stages	1
	pressure at start of stage 1	125
	pressure at end of stage 1	125
4	number of stages	1
	pressure at start of stage 1	125
	pressure at end of stage 1	125

　　进入仿真模式，运行仿真，选择元件 2，观察其控制边 A 口的流量，如图 8-2 所示，与式（8-4）计算结果基本一致，可见仿真的正确性。

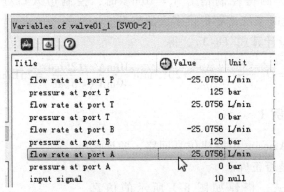

图 8-2　控制边流量的仿真

8.2　不考虑负载和摩擦的双活塞杆阀控缸系统

8.2.1　理论分析

　　为了分析阀控双活塞杆对称液压缸系统，我们搭建如图 8-3 所示回路。假设该阀控缸系统不带负载，也不考虑摩擦和泄漏。

　　为了分析方便，我们将图 8-3 改画成如图 8-4 所示形式。注意图 8-4 中的 P、T、A 和 B 口和图 8-3 中的 P、T、A 和 B 口的对应关系。

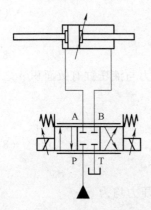

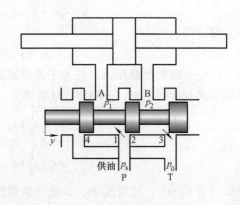

图 8-3　阀控双活塞杆对称液压缸　　　图 8-4　阀控双活塞杆对称缸阀芯向右运动原理图

　　根据图 8-4 中阀芯运动方向的不同，换向阀的节流工作边是不同的。对于 3 位 4 通滑阀来说，一共有 4 条节流边，这 4 条节流边按标号 1、2、3 和 4 标注在图 8-4 中。在图 8-4 中，当阀芯位移向右时，节流工作边为 1、3，对应液压缸的前进行程。

　　而当阀芯向左移动时，如图 8-5 所示，节流工作边为 4、2，对应液压缸的后退行程。

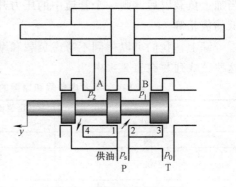

图 8-5　阀控双活塞杆对称
缸阀芯向左运动原理图

　　以图 8-4 为例，设阀控缸系统供油压力为 p_s，供油流量为 Q_s，通往负载液压缸活塞两边的压力各为 p_1 和 p_2，回油压力为 p_0，一般可认为 $p_0 = 0$。于是，根据孔口流量公式（2-53）有

$$Q_1 = C_d A_1 \sqrt{\frac{2}{\rho}(p_s - p_1)} \qquad (8-5)$$

$$Q_3 = C_d A_3 \sqrt{\frac{2}{\rho}p_2} \qquad (8-6)$$

　　当比例阀的 4 个节流窗口是匹配而且对称的时（通常也是这样的情况），则

$$A_1 = A_3 \qquad (8-7)$$

　　同理，对双活塞杆对称液压缸来说，流入液压缸的流量 Q_1 和流出液压缸的流量 Q_3 也是相等的，即

$$Q_1 = Q_3 \qquad\qquad (8\text{-}8)$$

则根据式（8-5）~式（8-8），可得

$$p_s - p_1 = p_2 \Rightarrow p_s = p_1 + p_2 \qquad\qquad (8\text{-}9)$$

另外，设

$$p_L = p_1 - p_2 \qquad\qquad (8\text{-}10)$$

式中　p_L——称为负载压力，它等于液压缸的外负载力与液压缸有效面积 A 之比。

联立式（8-9）、式（8-10），可解得

$$p_1 = \frac{1}{2}(p_s + p_L)$$

$$p_2 = \frac{1}{2}(p_s - p_L) \qquad\qquad (8\text{-}11)$$

在空载（即 $p_L = 0$）的情况下，其通向负载管道中的压力均为

$$p_1 = p_2 = \frac{p_s}{2} \qquad\qquad (8\text{-}12)$$

当加上负载以后，则一个管道中的压力升高，另一个管道的压力降低，且升高和降低的值相等。

综上，我们可以得到不考虑负载和摩擦的双活塞杆液压缸的速度计算公式，将这些公式列写在表 8-4 中。

表 8-4　不考虑负载和摩擦的双活塞杆液压缸的速度的计算

液压驱动系统参数	
能量供给	供油压力：p_s
阀	参见表 8-2
缸	活塞直径：D_K
	活塞杆直径：D_S
计算公式	
有效作用面积	$A_R = \dfrac{\pi}{4}(D_K^2 - D_S^2)$
通过控制边的流量	$q_A = q_B = q_N \dfrac{y}{y_{max}} \sqrt{\dfrac{\frac{p_0}{2}}{\Delta p_N}}$
速度	$v = \dfrac{q}{A_R}$
泵的流量	$q_p = q_{Amax} = q_N \dfrac{y_{max}}{y_{max}} \sqrt{\dfrac{p_0}{2\Delta p_N}} = q_N \sqrt{\dfrac{p_0}{2\Delta p_N}}$

8.2.2　仿真实例 2

某液压伺服系统，如图 8-3 所示。其中三位四通比例阀的参数如下：额定流量 $q_N = 20\text{L/min}$，此时的压力降 $\Delta p_N = 5\text{bar}$；双活塞杆液压缸，活塞直径 $D_K = 100\text{mm}$，活塞杆直径：$D_S = 70.7\text{mm}$；系统采用定量泵，溢流阀设定系统压力为 $p_s = 250\text{bar}$。

试计算：①系统运动的最大速度（在最大控制信号 $y_{max} = 40mA$）；②求校正变量在 8mA 时液压缸的运动速度；③确定液压泵的流量。

解： ①参考表 8-3 中的公式，计算液压缸的有效作用面积为

$$A_R = \frac{\pi}{4}(100^2 - 70.7^2)mm^2 = 3928mm^2 = 39.3cm^2 \tag{8-13}$$

液压缸的最大运动速度，当控制变量取最大值时，系统有最大流量，此时液压缸有最大运行速度，系统的最大流量为

$$q_{Amax} = q_N\sqrt{\frac{p_s}{2\Delta p_N}} = 20\frac{L}{min}\sqrt{\frac{250bar}{2 \cdot 5bar}} = 100\frac{L}{min} \tag{8-14}$$

液压缸的最大运行速度为

$$v_{max} = \frac{q_{Amax}}{A_R} = \frac{100\frac{L}{min}}{39.3cm^2} = \frac{100dm^3}{60s \cdot 0.393dm^2} = 4.24\frac{dm}{s} = 42.4\frac{cm}{s} \tag{8-15}$$

② 当控制变量为 10mA 时，通过控制边的流量为

$$q_A = q_N\frac{y}{y_{max}}\sqrt{\frac{p_s}{2\Delta p_N}} = 20\frac{L}{min}\frac{10mA}{40mA}\sqrt{\frac{250bar}{2 \cdot 5bar}} = 25\frac{L}{min} \tag{8-16}$$

则液压缸的速度为

$$v = \frac{q_A}{A_R} = \frac{25\frac{L}{min}}{39.3cm^2} = \frac{25dm^3}{60s \cdot 0.393dm^2} = 10.06\frac{cm}{s} \tag{8-17}$$

③ 系统所需的最大流量已经由式（8-14）给出，该流量即为泵的流量，选择液压泵时选择流量比该值稍大的液压泵就可以了。液压泵的流量为

$$q_p = q_{Amax} = 100\frac{L}{min} \tag{8-18}$$

为了验证上述计算结果的正确性，我们可以在 Amesim 中进行仿真验证。

搭建如图 8-6 所示的仿真草图。

如图 8-6 所示，元件 1、2 的作用是仿真液压泵和电动机，元件 3 的作用是仿真溢流阀，元件 4 仿真比例阀，元件 5 仿真控制信号，元件 6 是双活塞杆双作用液压缸及其负载，元件 7 是自由端。

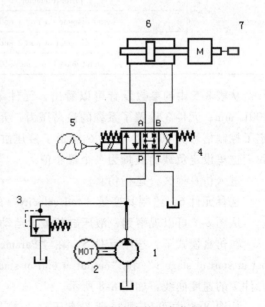

图 8-6　不考虑摩擦和负载的比例阀控双活塞杆液压缸仿真草图

进入子模型模式，为图 8-6 中各元件赋予主子模型。

进入参数设置模式，按表 8-5 设置元件各参数，其中没有提到的元件的参数保持默认值。

表 8-5　元件参数设置

元件编号	参　　　数	值
2	shaft speed	1000
3	relief valve cracking pressure	250
4	ports P to A flow rate at maximum valve opening	20
	ports P to A corresponding pressure drop	5
	ports B to T flow rate at maximum valve opening	20
	ports B to T corresponding pressure drop	5
	ports P to B flow rate at maximum valve opening	20
	ports P to B corresponding pressure drop	5
	ports A to T flow rate at maximum valve opening	20
	ports A to T corresponding pressure drop	5
5	number of stages	1
	output at start of stage 1	40
	output at end of stage 1	40
	duration of stage 1	10
6	piston diameter	100
	rod diameter at port 1 end	70.7
	rod diameter at port 2 end	70.7
	total mass being moved	10

从表 8-5 中的参数设置可以看出，元件 2 的参数设置保证了液压泵的流量为 100L/min；元件 3 设置了系统的最高压力；元件 4 设置了比例阀的参数，元件 5 设定了控制信号为 40mA；元件 6 设置了液压缸的参数；元件 7 设置了负载的质量，我们这里设定负载的质量为一个最小值。

进入仿真模式，运行仿真。

选择元件 6，绘制其变量 "rod velocity" 的曲线图，如图 8-7 所示。

从图 8-7 可以观察到，液压缸的最大运动速度与式（8-15）计算结果一致。

在仿真模式下，选中元件 5，在 "Parameters of constant" 窗口中修改其 "output at start of stage 1" 和 "output at end of stage 1" 为 "10"，再次运行仿真。绘制元件 7 的速度曲线，如图 8-8 所示。

从图 8-8 中可以观察到，液压缸在控制信号为 10mA 时的运动速度与式（8-17）计算结果一致。

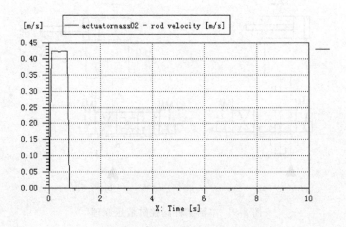

图 8-7　在控制信号为 40mA 下液压缸的运动速度

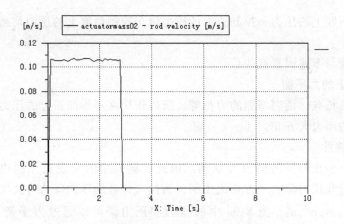

图 8-8　在控制信号为 10mA 下液压缸的运算速度

上述结果证明了仿真的正确性。

8.3　不考虑负载和摩擦力的单活塞杆阀控缸系统

8.3.1　单活塞杆液压缸的面积比

对于单活塞杆液压缸来说，一侧压力作用在活塞上，一侧压力作用在活塞的环形面积上。两侧有效作用面积之比称为面积比 α。对于单活塞杆液压缸来说，面积比 α 比 1 大。

单活塞杆阀控缸系统的液压原理如图 8-9 所示。

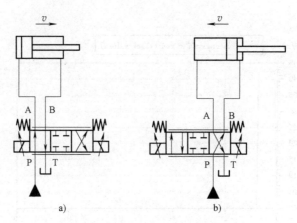

图 8-9　单活塞杆阀控缸液压原理

a）前进行程　b）后退行程

8.3.2　前进行程：两腔的压力和控制边上的压力降

液压缸两腔上的压力和控制边上的压力降与控制活塞上的压力均衡和流量的开方值有关。

前进行程与下述因素有关。

1. 活塞上的力平衡

因为没有负载，活塞两侧的力相等。所以作用在环形面积上的压力比作用在活塞侧面积上的压力大 α 倍。

2. 流量特性

活塞的面积比环形的面积大 α 倍。因此，输入边的流量比控制边的流量大 α 倍，因为流量和压力降的平方根成比例，通过入口处的压力降 Δp_A 就比通过出口处的压力降 Δp_B 大 α^2 倍。图 8-9a 中的压力和压力降可以通过力平衡和流量计算出来。

为了分析起来更加直观，我们将图 8-9a 改画成图 8-10 所示的形式。从图 8-10 中可以看出，节流边 1、节流边 3 起节流作用。设节流边 1 上的压力降为 Δp_A，节流边 3 上的压力降为 Δp_B，根据上述分析，我们有

$$\Delta p_A = \alpha^2 \Delta p_B \qquad (8-19)$$

液压缸无杆腔（左腔）的压力 p_A 为

$$p_A = p_s - \Delta p_A \qquad (8-20)$$

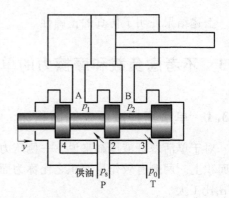

图 8-10　单活塞杆阀控缸前进行程原理图

右杆腔（右腔）的压力 p_B 为

$$p_B = \Delta p_B \tag{8-21}$$

又根据液压缸前进时左右两腔的作用力相等，有

$$p_A A_1 = p_B A_2 \tag{8-22}$$

式中　A_1——无杆腔面积；

　　　A_2——有杆腔面积。

且 A_1、A_2 满足

$$A_1 = \alpha A_2 \tag{8-23}$$

将式（8-20）~式（8-23）带入式（8-22）中，有

$$(p_s - \alpha^2 \Delta p_B)\alpha A_2 = \Delta p_B A_2 \tag{8-24}$$

消去 A_2，整理得

$$p_B = \Delta p_B = \frac{\alpha}{1 + \alpha^3} p_s \tag{8-25}$$

根据式（8-19），有

$$\Delta p_A = \frac{\alpha^3}{1 + \alpha^3} p_s \tag{8-26}$$

将式（8-25）带入式（8-20）中，得

$$p_A = \frac{1}{1 + \alpha^3} p_s \tag{8-27}$$

8.3.3　后退行程：两腔的压力和控制边上的压力降

1. 活塞上的力平衡

在后退阶段，输入控制边的流量要比输出控制边的流量小 α 倍。

2. 流量特性

为了分析方便，将图 8-9 改画成图 8-11 所示的形式。从图 8-11 中可以看出，节流边 2、节流边 4 起节流作用。设节流边 4 上的压力降为 Δp_A，节流边 2 上的压力降为 Δp_B，根据上述分析，有

$$\Delta p_A = \alpha^2 \Delta p_B \tag{8-28}$$

液压缸无杆腔（左腔）的压力 p_A 为

$$p_A = \Delta p_A \tag{8-29}$$

右杆腔（右腔）的压力 p_B 为

$$p_B = p_s - \Delta p_B \tag{8-30}$$

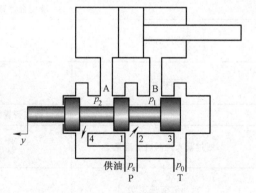

图 8-11　单活塞杆阀控缸后退行程原理

又根据液压缸后退时左右两腔的作用力相等，有

$$p_A A_1 = p_B A_2 \qquad (8\text{-}31)$$

且 A_1、A_2 满足

$$A_1 = \alpha A_2 \qquad (8\text{-}32)$$

将式（8-28）~ 式（8-30）、式（8-32）带入式（8-31）中，有

$$(p_s - \Delta p_B) A_2 = \alpha^2 \Delta p_B \cdot \alpha A_2 \qquad (8\text{-}33)$$

消去 A_2，整理得

$$\Delta p_B = \frac{1}{1+\alpha^3} p_s \qquad (8\text{-}34)$$

根据式（8-30），有

$$p_B = \frac{\alpha^3}{1+\alpha^3} p_s \qquad (8\text{-}35)$$

将式（8-34）带入式（8-28）中，得

$$p_A = \Delta p_A = \frac{\alpha^2}{1+\alpha^3} p_s \qquad (8\text{-}36)$$

8.3.4　速度计算

前进和后退速度计算公式列在表 8-6 中。

表 8-6　不考虑负载的单活塞杆液压缸速度计算

液压缸驱动系统的参数	
	参见表 8-4
液压缸计算公式	
活塞面积	$A_K = \dfrac{\pi}{4} D_K^2$
面积比	$\alpha = \dfrac{A_K}{A_R} = \dfrac{D_K^2}{D_K^2 - D_S^2}$
液压缸前进行程的计算公式	
通过输入控制边的流量	$q_A = q_N \dfrac{y}{y_{max}} \sqrt{\dfrac{\Delta p_A}{\Delta p_N}} = q_N \dfrac{y}{y_{max}} \sqrt{\dfrac{p_s \alpha^3}{\Delta p_N (1+\alpha^3)}}$
液压缸前进速度	$v = \dfrac{q_A}{A_K} = \dfrac{q_N}{A_K} \dfrac{y}{y_{max}} = \dfrac{q_N}{A_K} \dfrac{y}{y_{max}} \sqrt{\dfrac{p_s \alpha^3}{\Delta p_N (1+\alpha^3)}}$
液压缸回程时的计算公式	
通过输入控制边的流量	$q_B = q_N \dfrac{y}{y_{max}} \sqrt{\dfrac{\Delta p_B}{\Delta p_N}} = q_N \dfrac{y}{y_{max}} \sqrt{\dfrac{p_s}{\Delta p_N (1+\alpha^3)}}$

（续）

液压缸回程时的计算公式	
活塞退回时的速度	$v = \dfrac{q_B}{A_R} = \dfrac{q_B \cdot \alpha}{A_K} = \dfrac{q_N}{A_K}\dfrac{y}{y_{max}}\sqrt{\dfrac{p_s \cdot \alpha^2}{\Delta p_N (1 + \alpha^3)}}$
泵的流量的计算	
$q_p = q_{max} = q_N \dfrac{y_{max}}{y_{max}}\sqrt{\dfrac{p_s \alpha^3}{\Delta p_N (1 + \alpha^3)}} = q_N \sqrt{\dfrac{p_s \alpha^3}{\Delta p_N (1 + \alpha^3)}}$	

8.3.5　使用三位四通比例换向阀的阀控缸系统前进后退速度的比较

如果泵的规格选择正确，在任何条件下，都以最大的供油压力 p_{max} 作用在比例方向控制阀的控制边上，并且输出的流量也保持最大值 q_{max}。在这种条件下，压力 p_0 一直作用在比例换向阀的 P 口上。带有比例换向阀的系统可以看成恒压系统。

对于恒压系统，阀的开口度是速度的关键因素，在无负载、非对称液压缸的情况下，前进行程的速度比后退行程的速度小。

8.3.6　使用三位四通开关阀的阀控缸系统前进后退速度的比较

如果阀控缸系统使用一个三位四通开关阀控制，速度就由液压缸的流量决定，故应使用恒流系统。对于恒流系统，后退速度比前进速度大 α 倍。

表 8-7 列出了恒压系统和恒流系统使用 3 位 4 通比例阀和 3 位 4 通开关阀的特性的比较。

表 8-7　恒压系统和恒流系统的比较

	恒压系统	恒流系统
阀的类型	三位四通比例阀	三位四通开关阀
常量	三位四通换向阀 P 口的压力（等于供油压力 p_0）	通过阀入口处的流量 q_A（等于泵的流量 q_P）
变量	输入控制边的流量（取决于负载和控制变量）	方向阀 P 口上的压力（取决于负载）
通过溢流阀的流量	$q_A < q_P$，其余的流量从溢流阀流走	运动速度恒定
非对称液压缸速度	前进速度大于后退速度	后退速度大于前进速度

8.3.7　仿真实例 3

某不考虑负载和摩擦力的非对称阀控缸系统，如图 8-9 所示。

所采用的三位四通比例阀的参数如下：额定流量：$Q_N = 20L/min$，此时的压力降 $\Delta p_N = 5bar$。最大控制信号 $y_{max} = 40mA$。系统中的液压缸为单活塞杆液压缸，活塞直径 $D_K = 100mm$，活塞杆直径 $D_S = 70.7mm$；系统采用定量泵，溢流阀设定系

统压力为 $p_s = 250\mathrm{bar}$。

试求：①活塞杆最大前进速度（控制变量 $y = 40\mathrm{mA}$）；②活塞杆的最大后退速度（控制变量 $y = -40\mathrm{mA}$）；③泵的最大流量 q_p。

解：液压缸无杆腔的面积为

$$A_\mathrm{K} = \frac{\pi}{4}D_\mathrm{K}^2 = \frac{\pi}{4}100^2\,\mathrm{mm}^2 = 0.785\,\mathrm{dm}^2 \tag{8-37}$$

有杆腔的面积见式（8-13），则面积比

$$\alpha = \frac{A_\mathrm{K}}{A_\mathrm{R}} = \frac{7854}{3928} = 2 \tag{8-38}$$

① 计算最大前进速度，根据表 8-6，通过输入控制边的流量为

$$q_\mathrm{A} = q_\mathrm{N}\frac{y}{y_\mathrm{max}}\sqrt{\frac{p_0}{\Delta p_\mathrm{N}}\frac{\alpha^3}{1+\alpha^3}} = 20 \times \frac{10}{10} \times \sqrt{\frac{250}{5}\frac{8}{9}} = 133.3\frac{\mathrm{L}}{\mathrm{min}} \tag{8-39}$$

则最大前进速度为

$$v = \frac{q_\mathrm{A}}{A_\mathrm{K}} = 0.28\,\mathrm{m/s} \tag{8-40}$$

② 计算最大后退速度，根据表 8-6，通过输入控制边的流量为

$$q_\mathrm{B} = q_\mathrm{N}\frac{y}{y_\mathrm{max}}\sqrt{\frac{p_0}{\Delta p_\mathrm{N}}\frac{1}{1+\alpha^3}} = 20\sqrt{\frac{250}{5}\frac{1}{9}} = 47.1\,\mathrm{L/min} \tag{8-41}$$

则最大后退速度为

$$v = \frac{q_\mathrm{B}}{A_\mathrm{R}} = \frac{q_\mathrm{B}\alpha}{A_\mathrm{K}} = 0.2\,\mathrm{m/s} \tag{8-42}$$

③ 计算泵的流量

$$q_\mathrm{p} = q_\mathrm{max} = q_\mathrm{N}\sqrt{\frac{p_0}{\Delta p_\mathrm{N}}\frac{\alpha^3}{1+\alpha^3}} = 133.3\,\mathrm{L/min} \tag{8-43}$$

为了验证上述计算结果的正确性，我们可以在 Amesim 中进行仿真验证。

搭建如图 8-12 所示的 Amesim 仿真草图。

如图 8-12 所示，元件 1、2、3、4、5 和 8.2.2 节中的仿真实例 2 相同。而元件 6 的作用是模拟单活塞杆液压缸及其负载。

进入子模型模式，为图 8-12 中各元件赋予主子模型。

进入参数设置模式，按表 8-8 设

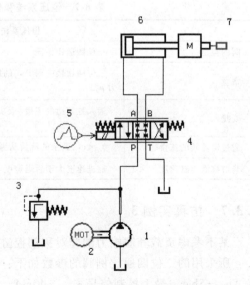

图 8-12　不考虑摩擦和负载的比例阀控单活塞杆液压缸仿真草图

置元件各参数，其中 1、2、3、4 元件的参数与表 8-5 相同，而没有提到的元件的
参数保持默认值。

表 8-8　元件参数设置

元件编号	参　　数	值
5	number of stages	2
	output at start of stage 1	40
	output at end of stage 1	40
	duration of stage 1	5
	output at start of stage 2	− 40
	output at end of stage 2	− 40
	duration of stage 2	5
6	piston diameter	100
	rod diameter	70. 7
	total mass being moved	10

从表 8-8 可以看出，元件 5 设置了两个阶段，分别控制液压缸前进和后退；元
件 6 模拟单活塞杆液压缸，质量负载尽量取小值。

进入仿真模式，运行仿真。

选择元件 6，绘制其变量 "rod velocity" 的曲线，如图 8-13 所示。

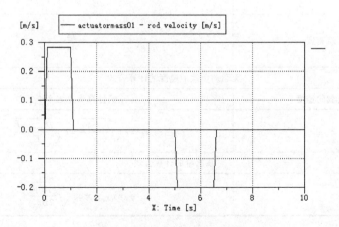

图 8-13　液压缸运动速度仿真曲线

从图 8-13 中可以观察得到，液压缸前进和后退的速度与计算结果（前进：
0. 28m/s；后退：0. 2m/s）基本一致，证明了仿真结果的正确性。

8.4　考虑负载和摩擦的双活塞杆阀控缸系统

8.4.1　驱动活塞的最大力

如果作用在双活塞杆液压缸两腔上的压力不相等（一腔为供油压力、一腔为接油箱），则液压缸活塞将输出力。液压缸输出的力为供油压力和有效面积的乘积。

考虑负载和摩擦的双活塞杆液压缸速度的计算见表 8-9。

表 8-9　考虑负载和摩擦的双活塞杆液压缸速度的计算

液压缸驱动系统参数	
	参见表 8-4
负载参数	
负载力	F_L
摩擦力	F_R
力和负载压力的计算公式	
最大输出力	$F_{max} = A_R p_s$
实际活塞力	$F = F_L + F_R$
负载压力	$p_L = F/A_R$
直接驱动负载的速度计算公式	
通过一个控制边的流量	$q_A = q_B = q_N \dfrac{y}{y_{max}} \sqrt{\dfrac{p_s - p_L}{2\Delta p_N}}$
负载速度	$v_L = \dfrac{q_A}{A_R}$
无驱动负载的速度的计算公式	
无负载的速度	v 的计算参见表 8-4
速度	$v_L = v \sqrt{\dfrac{p_s - p_L}{p_s}} = v \sqrt{\dfrac{F_{max} - F}{F_{max}}}$
泵流量的计算公式	
	$q_P = q_{Amax} = q_N \sqrt{\dfrac{p_s - p_L}{2\Delta p_N}}$

8.4.2　匀速运动时的活塞力

恒定运动速度情况下，活塞运动阻力 F 是由负载力 F_L 和摩擦力 F_R 组成的。符号规定如下：

1）与运动速度方向相反的力定义为推力，用正号。

2）与运动速度方向相同的力定义为拉力，用负号。

3）摩擦力总是与运动速度方向相反，用正号。

为了让活塞总是向指定的方向运动，活塞运动阻力 F 总是小于最大活塞力 F_{max}。

8.4.3　负载压力、腔体压力和通过控制边的压力降

指示了液压缸两腔压力差值的负载压力降 p_L 的存在产生了输出力 F。p_L 的值等于活塞输出力 F 除以活塞有效面积 A_R。考虑到负载压力，将压力和压力差值显示在图 8-14 中。

由式（8-11），有

$$p_A = p_1 = \frac{p_s + p_L}{2}$$

$$p_B = p_2 = \frac{p_s - p_L}{2} \qquad (8\text{-}44)$$

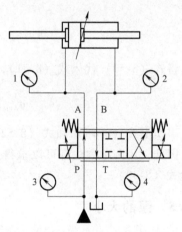

则由图 8-14，有阀口 A 上的压力降

$$\Delta p_A = p_s - p_A = p_s - \frac{p_s + p_L}{2} = \frac{p_s - p_L}{2}$$

$$\Delta p_B = p_B = \frac{p_s - p_L}{2}$$

$$(8\text{-}45)$$

在图 8-14 中，1、2 号压力表的读数分别为式（8-44），而 3、4 号压力表的读数为系统压力 p_s 和回油压力 0。

图 8-14　双活塞杆液压缸前进行程原理图

8.4.4　运动速度的计算

可以用两种方法计算运动速度（见表 8-9）。

1. 第一种方法

先计算无负载下的流量。由表 8-4，有在无负载情况下，A 口最大流量为

$$q_{Amax\_U} = q_N \sqrt{\frac{p_s}{2\Delta p_N}} \qquad (8\text{-}46)$$

由表 8-9，在有负载的情况下，A 口的最大流量为

$$q_{Amax\_L} = q_N \sqrt{\frac{p_s - p_L}{2\Delta p_N}} \qquad (8\text{-}47)$$

用式（8-47）比上式（8-46），则在有负载的情况下，A 口的最大流量还可以

整理为

$$q_{Amax\_L} = q_{Amax\_U} \sqrt{\frac{p_s - p_L}{p_s}} \qquad (8\text{-}48)$$

式（8-48）两侧除以液压缸环形腔面积，得液压缸最大运动速度表达式为

$$v_{max\_L} = v_{max\_U} \sqrt{\frac{p_s - p_L}{p_s}} \qquad (8\text{-}49)$$

式中　v_{max_U}——液压缸在无负载情况下的最大运动速度。

2. 第二种方法

由阀的额定流量的定义，有

$$q_N = C_d A_{max} \sqrt{\frac{2}{\rho} \Delta p_N} \qquad (8\text{-}50)$$

由孔口流量公式，在带负载的情况下，通过 A 口的流量为

$$q_{Amax\_L} = C_d A_{max} \sqrt{\frac{2}{\rho} \frac{p_s - p_L}{2}} \qquad (8\text{-}51)$$

将式（8-50）代入式（8-51），整理得

$$q_{Amax\_L} = q_N \sqrt{\frac{p_s - p_L}{2\Delta p_N}} \qquad (8\text{-}52)$$

事实上式（8-48）和式（8-52）是一致的，将式（8-46）带入式（8-48）可得，因此，用两种方法都可以求得 A 口最大流量，也都可以得到液压缸最大速度表达式（8-49）。

8.4.5　泵的大小

所需要的流量 q_A 随着运动速度的增加而增加，泵需要更高的流量。对于拉力负载，负载与运动方向相同，负载力 F_L 是负的。在临界条件下，活塞的运动速度和泵所需要的流量要比没有负载时高。

8.4.6　仿真实例 4（考虑负载和摩擦力的双活塞缸液压缸速度的计算）

一考虑负载和摩擦的双活塞杆阀控缸系统原理如图 8-15 所示。液压缸垂直安装，带动质量负载上下运动。负载力 $F_L = 20kN$。两个运动方向上的摩擦力 $F_R = 5kN$。其他数据同 8.2.2 节例 2。试计算：①向上运动的最大速

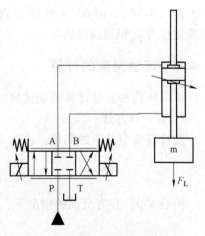

图 8-15　考虑负载和摩擦力的双活塞杆阀控缸系统原理图

度（控制变量：$y = 40\text{mA}$）；②向下运动的最大速度（控制变量：$y = -40\text{mA}$）；③泵所需要的流量。

解：解法 1：先计算不带负载的最大速度，由 8.2.2 节计算结果可知

$$v = \frac{q_A}{A_R} = \frac{100\text{dm}^3}{60\text{s} \cdot 0.393\text{dm}^2} = 0.424\text{m/s} \tag{8-53}$$

① 向上运动时，负载摩擦和重力负载都是阻力，由 8.4.2 节，得

$$F_1 = F_L + F_R = 20\text{kN} + 5\text{kN} = 25\text{kN} \tag{8-54}$$

则负载压力为

$$p_{L1} = \frac{F_1}{A_R} = \frac{25\text{kN}}{3.928 \times 10^{-3}}\text{m}^2 \tag{8-55}$$
$$= 6.364\text{MPa} = 63.64\text{bar}$$

根据式（8-49），有

$$v_{L1} = v\sqrt{\frac{p_s - p_L}{p_s}} = 0.424\frac{\text{m}}{\text{s}} \times \sqrt{\frac{250\text{bar} - 63.64\text{bar}}{250\text{bar}}} = 0.366\frac{\text{m}}{\text{s}} \tag{8-56}$$

② 当向下运动时，负载力取负号，摩擦力还是阻力，取正号，得活塞力为

$$F_2 = F_L + F_R = -20\text{kN} + 5\text{kN} = -15\text{kN} \tag{8-57}$$

得负载压力为

$$p_{L2} = \frac{F_2}{A_R} = \frac{-15\text{kN}}{3.928 \times 10^{-3}}\text{m}^2 = -3.819\text{MPa} = -38.19\text{bar} \tag{8-58}$$

则根据式（8-49），有

$$v_{L2} = v\sqrt{\frac{p_s - p_L}{p_s}} = 0.424\frac{\text{m}}{\text{s}} \times \sqrt{\frac{250\text{bar} + 38.19\text{bar}}{250\text{bar}}} = 0.455\frac{\text{m}}{\text{s}} \tag{8-59}$$

解法 2：

① 上升行程时，负载压力的计算结果可参考式（8-55）

则根据式（8-52），最大流量为

$$q_{A\text{max}1} = q_N\sqrt{\frac{p_s - p_{L1}}{2\Delta p_N}} = 20\frac{\text{L}}{\text{min}}\sqrt{\frac{250\text{bar} - 63.64\text{bar}}{2 \times 5\text{bar}}} = 86.338\frac{\text{L}}{\text{min}} \tag{8-60}$$

则前进行程的最大速度为

$$v_{L1} = \frac{q_{A\text{max}1}}{A_R} = \frac{86.338\text{L/min}}{3.928 \times 10^{-3}\text{m}^2} = 0.366\frac{\text{m}}{\text{s}} \tag{8-61}$$

② 下降行程时，负载压力的计算结果可参考式（8-58）。

则根据式（8-52），最大流量为

$$q_{A\text{max}2} = q_N\sqrt{\frac{p_s - p_{L2}}{2\Delta p_N}} = 20\frac{\text{L}}{\text{min}}\sqrt{\frac{250\text{bar} + 38.19\text{bar}}{2 \times 5\text{bar}}} = 107.366\frac{\text{L}}{\text{min}} \tag{8-62}$$

则前进行程的最大速度为

$$v_{L1} = \frac{q_{A\max 2}}{A_R} = \frac{107.366 \text{L/min}}{3.928 \times 10^{-3} \text{m}^2} = 0.456 \frac{\text{m}}{\text{s}} \tag{8-63}$$

③ 计算液压泵所需的流量。因为向下运动的速度大于向上运动的速度，泵的规格必须根据向下运动的速度选取，则

$$q_A = q_{A\max 2} = 107.366 \frac{\text{L}}{\text{min}} \tag{8-64}$$

所选的液压泵的流量要超过该流量。

为了验证计算结果的正确性，可以在 Amesim 中搭建回路进行仿真。

搭建如图 8-16 所示的仿真草图。

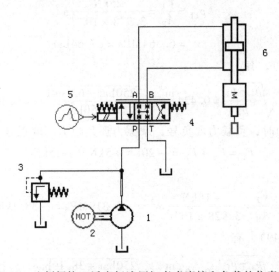

图 8-16　比例阀控双活塞杆液压缸考虑摩擦和负载的仿真草图

如图 8-16 所示，元件 1、2 的作用是仿真液压泵和电动机，元件 3 的作用是仿真溢流阀，元件 4 仿真比例阀，元件 5 仿真控制信号，元件 6 模拟双活塞杆双作用液压缸及负载。

进入子模型模式，为图 8-16 中各元件赋予主子模型。

进入参数设置模式，按表 8-10 设置元件各参数，其中 2、3、4 号元件的参数同表 8-5，另外没有提到的元件的参数保持默认值。

表 8-10　元件参数设置

元件编号	参　　　数	值
1	pump displacement	200
5	number of stages	2
	output at start of stage 1	40
	output at end of stage 1	40
	duration of stage 1	5

（续）

元件编号	参　数	值
5	output at start of stage 2	−40
	output at end of stage 2	−40
	duration of stage 2	5
6	piston diameter	100
	rod diameter at port 1 end	70.7
	rod diameter at port 2 end	70.7
	total mass being moved	2000
	angle rod makes with horizontal	−90

　　从表 8-10 中的参数设置可以看到，元件 6 模拟了液压缸及其负载，其中值得说明的是 "angle rod makes with horizontal" 参数，将该参数设置为 "−90" 表示将液压缸向下垂直放置，请读者注意。

　　进入仿真模式，运行仿真。

　　选择元件 6，绘制其变量 "velocity at port 1" 的曲线，如图 8-17 所示。

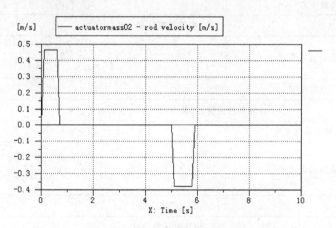

图 8-17　液压缸运动速度曲线

　　从图中可见，液压缸的上升速度和下降速度的曲线与计算结果（上升 0.366m，下降 0.455m）基本一致。

8.4.7　负载力对运动速度的影响

　　上例显示了负载力对液压缸运动速度的影响。

　　向上运动，驱动力必须大于与运动速度方向相反的力。运动速度小于不带负载的情况。

　　向下运动，负载与运动方向相同，运动速度比不带负载时大。

8.5 考虑负载和摩擦的单活塞杆阀控缸系统

8.5.1 驱动活塞的最大力

最大力 $F_{\max}$ 根据表 8-11 计算。前进行程的输出力比后退行程的输出力大 α 倍。

表 8-11 考虑负载和摩擦力的非对称液压缸的速度计算

a) 液压驱动系统的参数	
	参见表 8-4
b) 负载参数	
	参见表 8-6
c) 活塞杆前进	
液压缸的计算公式	
最大活塞速度	$F_{\max} = A_K p_0$
输出力	$F = F_R + F_L$
负载压力	$p_L = F/A_K$
前进速度计算	
通过控制边的流量	$q_A = q_N \dfrac{y}{y_{\max}} \sqrt{\dfrac{p_0 - p_L}{p_N} \dfrac{\alpha^3}{1 + \alpha^3}}$
带负载的速度	$v_L = q_A / A_K$
计算前进速度,如果知道不带负载的前进速度	
不带负载的前进速度	参见表 8-6
带负载的前进速度	$v_L = v \sqrt{\dfrac{p_0 - p_L}{p_0}} = v \sqrt{\dfrac{F_{\max} - F}{F_{\max}}}$
d) 活塞杆后退	
液压缸计算公式	
最大活塞力	$F_{\max} = A_R p_0$
实际活塞力	$F = F_R + F_L$
负载压力	$p_L = \dfrac{F}{A_R} = \dfrac{F \cdot \alpha}{A_K}$
后退速度的计算	
通过控制边的流量	$q_B = q_N \dfrac{y}{y_{\max}} \sqrt{\dfrac{p_0 - p_L}{p_N} \dfrac{1}{1 + \alpha^3}}$
带负载的速度	$v_L = \dfrac{q_B}{A_R} = \dfrac{q_B \alpha}{A_K}$

（续）

计算后退速度,如果知道不带负载的运动速度	
不带负载的后退速度	参见表 8-6
带负载的后退速度	$v_L = v \sqrt{\dfrac{p_0 - p_L}{p_0}} = v \sqrt{\dfrac{F_{max} - F}{F_{max}}}$
e)泵流量的计算公式	
	$q_p = q_{max}$

8.5.2　恒定运动速度的输出力

同双活塞杆液压缸一样的计算方法可以应用到本节中。

8.5.3　负载压力、腔体压力和控制边的压力差

前进行程和后退行程的负载压力计算公式是不相同的。相同负载的情况下，后退行程的负载压力大 α 倍。前进行程液压系统原理如图 8-18 所示。

此时仍然可以参考图 8-11，根据 8.3.3 节的分析，有式（8-28）。

根据活塞的受力平衡方程，有

$$(p_s - \Delta p_A)A_1 = \Delta p_B A_2 + p_L A_1 \quad (8-65)$$

又因为式（8-32），所以将式（8-28）、式（8-32）代入式（8-65）中，有

$$(p_s - \alpha^2 \Delta p_B)\alpha A_2 = \Delta p_B A_2 + p_L \alpha A_2 \quad (8-66)$$

消去 A_2，整理得

$$\Delta p_B = \frac{\alpha}{1 + \alpha^3}(p_s - p_L) \quad (8-67)$$

则

$$\Delta p_A = \frac{\alpha^3}{1 + \alpha^3}(p_s - p_L) \quad (8-68)$$

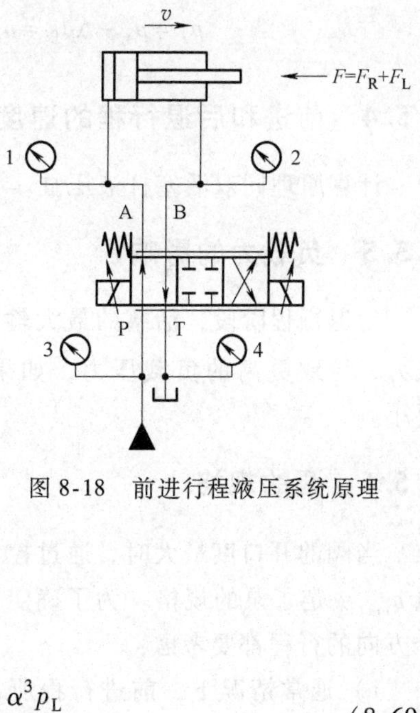

图 8-18　前进行程液压系统原理

由式（8-67）、式（8-68）可推得

$$p_1 = p_s - \Delta p_A = \frac{p_s + \alpha^3 p_L}{1 + \alpha^3} \quad (8-69)$$

$$p_2 = \Delta p_B = \frac{\alpha}{1 + \alpha^3}(p_s - p_L) \quad (8-70)$$

后退行程的液压系统原理如图 8-19 所示。

对于后退行程，同样有

$$\Delta p_A = \alpha^2 \Delta p_B \qquad (8\text{-}71)$$

根据活塞的受力平衡方程，有

$$\Delta p_A A_1 = (p_s - \Delta p_B)A_2 - p_L A_2 \quad (8\text{-}72)$$

将式（8-32）和式（8-71）代入式（8-72）有

$$\alpha^2 \Delta p_B \alpha A_2 = (p_s - \Delta p_B)A_2 + p_L A_2$$
$$(8\text{-}73)$$

消去 A_2，并整理得

$$\Delta p_B = \frac{1}{1 + \alpha^3}(p_s - p_L) \qquad (8\text{-}74)$$

$$\Delta p_A = \frac{\alpha^2}{1 + \alpha^3}(p_s - p_L) \qquad (8\text{-}75)$$

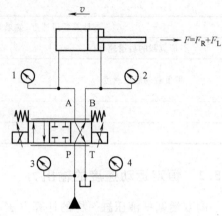

图 8-19　后退行程液压系统原理

观察图 8-19，有

$$p_1 = \Delta p_A = \frac{\alpha^2}{1 + \alpha^3}(p_s - p_L) \qquad\qquad (8\text{-}76)$$

$$p_2 = p_s - \Delta p_B = p_s - \frac{1}{1 + \alpha^3}(p_s - p_L) = \frac{\alpha^3 p_s + p_L}{1 + \alpha^3} \qquad (8\text{-}77)$$

8.5.4　前进和后退行程的速度计算

计算原理同双活塞杆液压缸。

8.5.5　负载力的影响

后退行程阶段，活塞的最大输出力 $F_{\max}$ 比前进行程小。与运动方向相反的负载力，导致更高的负载压力，如果负载力为拉力，后退行程的速度比前进行程要小。

8.5.6　泵的规格

当阀的开口度最大时，通过控制边的最大流量 $q_{\max}$ 决定了泵的规格。为了确定泵的规格，两个方向的行程都要考虑：

1）通常情况下，前进行程所需要的通过控制边的流量更大，泵的规格根据前进行程确定。

2）如果前进行程是推力，后退行程是拉力，后退行程需要的流量有可能大于前进行程的流量，在这种情况下，泵的规格根据后退行程来选择。

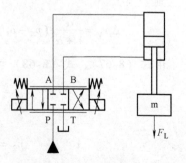

图 8-20　考虑负载和摩擦力的
单活塞杆阀控缸系统原理图

8.5.7　仿真实例 5（考虑负载和摩擦力的单活塞杆阀控缸速度的计算）

一考虑负载和摩擦的双活塞杆阀控缸系统原理如图 8-20 所示。液压缸垂直安装，带动负载上下运动。其余参数同 8.4.6 节例 4。试计算：①向上运动的最大速度（控制变量：$y = 40\text{mA}$）；②向下运动的最大速度（控制变量：$y = -40\text{mA}$）；③泵的流量。

解：由于我们已经在 8.3.7 节（例 3）中已经计算了不考虑摩擦和负载下的速度，这次我们直接采用 8.4.4 节提到的第一种方法来计算最大速度。

①向上运动的最大速度。在无负载情况下，最大后退（本例为上升）速度已经计算出来了，如式（8-42），另外负载压力已经由式（8-55）计算出来了，则根据表 8-11，有

$$v_{L1} = v\sqrt{\frac{p_s - p_L}{p_s}} = 0.2\text{m/s} \times \sqrt{\frac{250\text{bar} - 63.64\text{bar}}{250\text{bar}}} = 0.173\frac{\text{m}}{\text{s}} \qquad (8\text{-}78)$$

② 向下运动的最大速度。在无负载情况下，最大前进（本例为后退）速度已经计算出来了，如式（8-40），另外负载力已经由式（8-57）计算出来了，则负载压力为

$$p_{L2} = \frac{F_2}{A_F} = \frac{-15\text{kN}}{7.854 \times 10^{-3}} = -1.91\text{MPa} = -19.1\text{bar} \qquad (8\text{-}79)$$

则根据表 8-11，有

$$v_{L2} = v\sqrt{\frac{p_s - p_{L2}}{p_s}} = 0.28\frac{\text{m}}{\text{s}} \times \sqrt{\frac{250\text{bar} + 19.1\text{bar}}{250\text{bar}}} = 0.29\frac{\text{m}}{\text{s}} \qquad (8\text{-}80)$$

③ 泵的流量。上升行程通过控制边的最大流量

$$q_B = v_L A_R = 0.173 \times 0.393\text{L/min}$$
$$= 40.8\text{L/min}$$

下降行程通过控制边的最大流量

$$q_A = v_L A_k = 0.29 \times 0.785\text{L/min}$$
$$= 137\text{L/min}$$

泵的流量

$$q_p = q_{max} = q_A = 137\text{L/min}$$

为了验证计算结果的正确性，可以在 Amesim 中搭建回路进行仿真。

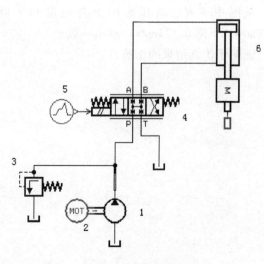

图 8-21　比例阀控单活塞杆液压缸考虑摩擦和负载的仿真草图

　　搭建如图 8-21 所示的仿真草图。

　　如图 8-21 所示，元件 1、2、3、4、5 的作用和 8.4.6 节实例 4 的作用相同，唯一的不同是元件 6 模拟单活塞杆双作用液压缸及负载。

　　进入子模型模式，为图 8-21 中各元件赋予主子模型。

　　进入参数设置模式，设置各元件参数，其中 1、2、3、4、5 和 6 号元件的参数同表 8-10，另外没有提到的元件的参数保持默认值。这里值得一提的是元件 6。事实上，图 8-21 中元件 6 和图 8-16 中的元件 6 是不相同的，前者是单活塞杆缸，后者是双活塞杆缸，但二者的参数设置完全相同。

　　进入仿真模式，运行仿真。

　　选择元件 6，绘制其变量 "velocity at port1" 的曲线，如图 8-22 所示。

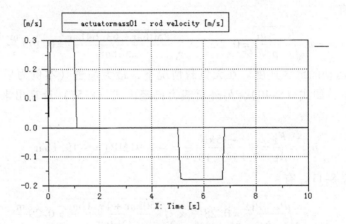

图 8-22　液压缸运动速度曲线

　　从图中可见，液压缸的上升速度和下降速度的曲线与计算结果（上升 0.29m/s，下降 0.173m/s）基本一致。

　　证明了仿真结果的正确性。

参 考 文 献

[1] 梁全，苏齐莹. 液压系统 Amesim 计算机仿真指南 [M]. 北京：机械工业出版社，2014.

[2] 周连山，庄显义. 液压系统的计算机仿真 [M]. 北京：国防工业出版社，1986.

[3] W. 霍夫曼，陈鹰译. 液压元件及系统的动态仿真 [M]. 杭州：浙江大学出版社，1988.

[4] 刘能宏，田树军. 液压系统动态特性数字仿真 [M]. 大连：大连理工大学出版社，1993.

[5] 李永堂，雷步芳，高雨壮. 液压系统建模与仿真 [M]. 北京：冶金工业出版社，2003.

[6] 李成功，和彦淼. 液压系统建模与仿真分析 [M]. 北京：航空工业出版社，2008.

[7] 付永领. LMS Imagine. Lab Amesim 系统建模和仿真实例教程 [M]. 北京：北京航空航天大学出版社，2011.

[8] 付永领，祁晓野，李庆. LMS Imagine. Lab Amesim 系统建模和仿真参考手册 [M]. 北京：北京航空航天大学出版社，2011.

[9] 高钦和，马长林. 液压系统动态特性建模仿真技术及应用 [M]. 北京：电子工业出版社，2014.

[10] 刘宏伟，康宁. 车架铆接机液压系统仿真与改进 [J]. 液压气动与密封，2012 （05）：25-27.

[11] 姜琳，刘立新，梁政，等. 紧急放空情况下脐带缆内液压管路建模与仿真 [J]. 西南石油大学学报（自然科学版），2012 （03）：169-173.

[12] 孙静，王新民，金国举. 基于 Amesim 的液压位置控制系统动态特性研究 [J]. 机床与液压，2012 （11）：120-122.

[13] 张宪宇，陈小虎，何庆飞，等. 基于 Amesim 液压元件设计库的液压系统建模与仿真研究 [J]. 机床与液压，2012 （13）：172-174.

[14] 刘丽霞，武建新. 基于 Amesim 的液压位置伺服系统仿真 [J]. 机械工程与自动化，2012 （04）：62-64.

[15] 周美珍，高明，王宇臣，等. 水下生产设施液压控制仿真系统 [J]. 机电工程，2012 （12）：1414-1418.

[16] 李刚，胡汉春. Amesim 液压系统模型实时仿真研究 [J]. 计算机光盘软件与应用，2012 （23）：70-71.

[17] 王相亭. 液压支架液压系统建模及仿真分析 [J]. 液压气动与密封，2014 （02）：58-60.

[18] 卫进，常涛柱，杨涛. 基于 Amesim 多工位回转工作台液压系统仿真研究 [J]. 液压与气动，2014 （04）：41-44.

[19] 李力，温荣耀，陈铭，等. 新型出铝车机电液协同仿真与有限元分析 [J]. 中南大学学报（自然科学版），2014 （07）：2201-2208.

[20] 黄强，王健，张桂刚. 一种航空发动机燃油调节系统仿真方法 [J]. 计算机与数字工程，2014 （09）：1536-1541＋1720.

[21] 朱冰，赵健，李静，等. 面向牵引力控制系统的 Amesim 与 MATLAB 联合仿真平台 [J].

吉林大学学报（工学版），2008（S1）：23-27.

[22] 任彦恒，吕建刚. 某履带车辆液压转向操纵系统仿真 [J]. 四川兵工学报，2008（02）：36-38.

[23] 王瑜，林立，姜建胜. 基于 Amesim 液压盘式刹车系统建模与仿真研究 [J]. 石油机械，2008（09）：31-35.

[24] 赵建军，吴紫俊. 基于 Modelica 的多领域建模与联合仿真 [J]. 计算机辅助工程，2011（01）：168-172.

[25] 朱小晶，权龙，王新中，等. 大型液压挖掘机工作特性联合仿真研究 [J]. 农业机械学报，2011（04）：27-32.

[26] 卫振勇. 基于 Amesim 的液压绞车液压系统研究 [J]. 起重运输机械，2011（05）：71-73.

[27] 李军，罗战强. 基于 Amesim 的液压系统压力脉冲模拟器仿真 [J]. 机床与液压，2011（13）：106-109.

[28] 张宪宇，陈小虎，何庆飞. 基于 Amesim 的液压缸故障建模与仿真 [J]. 液压气动与密封，2011（10）：26-28+48.

[29] 郭建伟. 基于 Amesim9.0 的飞行控制作动系统建模 [J]. 科技创新导报，2011（30）：8-10.

[30] 马长林，黄先祥，郝琳. 基于 Amesim 的电液伺服系统仿真与优化研究 [J]. 液压气动与密封，2006（01）：32-34.

[31] 龚进，冀谦，郭勇，等. Amesim 仿真技术在小型液压挖掘机液压系统中的应用 [J]. 机电工程技术，2007（10）：111-114+118.

[32] 王伟，傅新，谢海波，等. 基于 Amesim 的液压并联机构建模及耦合特性仿真 [J]. 浙江大学学报（工学版），2007（11）：1875-1880.

[33] 韩慧仙，曹显利. 基于 Amesim 的混凝土泵车臂架多路阀建模与仿真 [J]. 机床与液压，2009（10）：241-242+254.

[34] 王瑜，林立，姜建胜. 基于 Amesim 液压盘式刹车系统建模与仿真研究 [A]. 中国石油学会石油工程专业委员会. 2008 年石油装备学术年会暨庆祝中国石油大学建校 55 周年学术研讨会论文集 [C]. 中国石油学会石油工程专业委员会，2008.

[35] 董连俊. 基于 Amesim 的液压轮边制动系统仿真分析 [J]. 重工与起重技术，2014（04）：15-17.

[36] 刘天豪，左茂文，李恒，等. 基于 Amesim 和 MATLAB 的液压缸位置同步控制问题仿真的比较研究 [J]. 液压气动与密封，2010（06）：32-34.

[37] 杨国来，王建忠，李明学，等. 基于 Amesim 液压支架升降回路仿真分析 [J]. 煤矿机械，2014（12）：247-249.

[38] 邓乾坤，张斌，杨华勇. 闭环电控变量柱塞泵的联合仿真分析 [J]. 液压气动与密封，2015（01）：27-30.

[39] 包磊，周连佺. 基于 Amesim 的液压支架立柱试验台液压系统动态性能的研究 [J]. 液压与气动，2015（02）：70-73.

[40] 查鑫宇，毕新胜，王玉刚，等. 复合式液压缸的设计与研究 [J]. 液压与气动，2013

（12）：68-71.

[41] 王鑫鑫，于淑政. 基于 Amesim 液压提升机建模及启动过程分析 [J]. 煤矿机械，2013
（11）：111-113.

[42] 张天一，孙永飞，王宏宇. 基于 Amesim 的某燃烧试验器液压排气系统动态特性仿真
[A]. 航空工业测控技术发展中心、中国航空学会测试技术专业委员会、《测控技术》杂
志社. 2014 航空试验测试技术学术交流会论文集 [C]. 航空工业测控技术发展中心、中
国航空学会测试技术专业委员会、《测控技术》杂志社，2014.

[43] 边鹏飞. 基于 Amesim 的捞渣机液压张紧系统仿真与优化 [J]. 广东电力，2013（06）：
39-41.

[44] 吕延平，王小英. 基于联合仿真的民机方向舵作动器性能研究 [J]. 科技创新导报，
2013（08）：91-92.

[45] 曾鹏，易建钢，沈永来. 基于 Amesim 液压破碎锤结构的优化分析 [J]. 机械制造，2013
（05）：26-28.

[46] 王希章. 带式输送机盘式制动系统控制特性的数值模拟研究 [J]. 起重运输机械，2013
（10）：24-30.